高职机械类
精品教材

机床电气控制与 PLC（三菱）实训教程

JICHUANG DIANQI KONGZHI YU
PLC (SANLING) SHIXUN JIAOCHENG

主　编　南丽霞　朱亚东
副主编　杜　晋

中国科学技术大学出版社

内容简介

本书是《机床电气控制与PLC(三菱)》(2013年1月由机械工业出版社出版)教材的配套实训教材。本书在内容上广泛取材,由浅入深,结合实际,突出应用,着重培养学生的实际动手能力和对工程实践问题的分析解决能力。本书共分4篇,主要内容包括电气控制技术实验基础、电气控制基本线路及典型设备的实验、FX-20P-E型手持式编程器及GX Developer编程软件的使用、基于三菱FX_{2N} PLC的典型控制系统实验、PLC课程设计环节的基本内容等。

本书强调理论与实践的结合,集实验、实训、设计和调试于一体,可作为大中专院校电气自动化、机电一体化等相关专业的电气控制与PLC相关课程的实训教材,也可供相关工程技术人员参考。

图书在版编目(CIP)数据

机床电气控制与PLC(三菱)实训教程/南丽霞,朱亚东主编. —合肥:中国科学技术大学出版社,2014.1(2016.12重印)

ISBN 978-7-312-03343-8

Ⅰ.机… Ⅱ.①南… ②朱… Ⅲ.①机床—电气控制—教材 ②PLC技术—高等职业教育—教材 Ⅳ.①TG502.35②TM571.6

中国版本图书馆CIP数据核字(2013)第303072号

出版 中国科学技术大学出版社
安徽省合肥市金寨路96号,230026
http://press.ustc.edu.cn

印刷 安徽国文彩印有限公司

发行 中国科学技术大学出版社

经销 全国新华书店

开本 787 mm×1092 mm 1/16

印张 10

字数 187千

版次 2014年1月第1版

印次 2016年12月第2次印刷

定价 23.00元

前　言

“机床电气控制与 PLC”是理论和实践结合紧密、应用性很强的一门职业技术课程。该课程内容逐渐成为自动化、机电一体化、电子信息及数控技术等相关专业学生应具备的理论专业知识和基本技能，为了帮助学生进一步学好“机床电气控制与 PLC”的理论知识，提高其工程实践能力和创新应用能力，我们编写了此书。

本书是《机床电气控制与 PLC(三菱)》(2013 年 1 月由机械工业出版社出版)教材的配套实训教材。为了满足专科高职院校的需求，本书在内容上广泛取材，由浅入深，结合实际，突出应用，着重培养学生的实际动手能力和对工程实践问题的分析解决能力。

本书共分 4 篇，第 1 篇介绍了电气控制基本线路及典型设备的实验；第 2 篇全面地介绍了三菱 FX 系列 PLC 的两种编程工具，FX－20P－E 型手持式编程器和 GX Developer 编程软件；第 3 篇介绍了 8 个典型的 PLC 控制系统实验，提供了 PLC 的 I/O 接线图和参考程序等；第 4 篇介绍了 PLC 控制系统设计的原则和步骤，并为课程设计环节提供了 8 个项目。

本书由扬州职业大学机械工程学院南丽霞、朱亚东担任主编，杜晋任副主编。其中，杜晋编写了第 1 篇；南丽霞编写了第 2 篇和第 3 篇；朱亚东编写了第 4 篇。全书由南丽霞负责统稿。扬州职业大学周德卿教授、冯晋副教授和杨益洲老师对本书的编写提出了许多宝贵意见，在此表示衷心感谢。

由于编者水平有限，书中存在疏漏及不当之处在所难免，敬请读者批评指正。

编　者

2013 年 8 月

目　录

第1篇 电气控制技术实验

1.1 电气控制技术实验基础

1.1.1 电气控制原理图的绘制与阅读

电气控制系统是由许多电气元件按一定的要求和方法连接而成的。为了便于电气控制系统的设计、安装、调试、使用和维护，将电气控制系统中各电气元件及其连接线路用一定的图形表达出来，这就是电气控制系统图。在画图时，应根据简明易懂的原则，采用统一规定的图形符号、文字符号和标准画法来绘制。

1. 常用电气图形符号和文字符号的标准

在电气控制系统图中，电气元件的图形符号和文字符号必须使用国家统一规定的图形及文字符号，具体见GB/T 4728—2005及GB/T 4728—2008《电气简图用图形符号》。

2. 电气原理图的画法规则

电气原理图是为了便于阅读和分析控制线路，根据简单清晰的原则，采用电气元件展开的形式绘制成的表示电气控制线路工作原理的图形。电气原理图只表示所有电气元件的导电部件和接线端点之间的相互关系，并不是按照各电气元件的实际布置位置和实际接线情况来绘制的，也不反映电气元件的大小。这里结合图1.1所示的某机床电气原理图说明绘制电气原理图的基本规则和应注意的事项。

绘制电气原理图的基本规则如下：

① 电气原理图一般分为主电路、控制电路、辅助电路。主电路就是从电源到电动机绕组的大电流通过的路径；控制电路由接触器、继电器的吸引线圈和辅助触点以及热继电器、

按钮的触点等组成;辅助电路包括照明灯、信号灯等电气元件。控制电路、辅助电路中通过的电流较小。一般主电路用粗实线表示,画在左边(或上面);辅助电路用细实线表示,画在右边(或下面)。

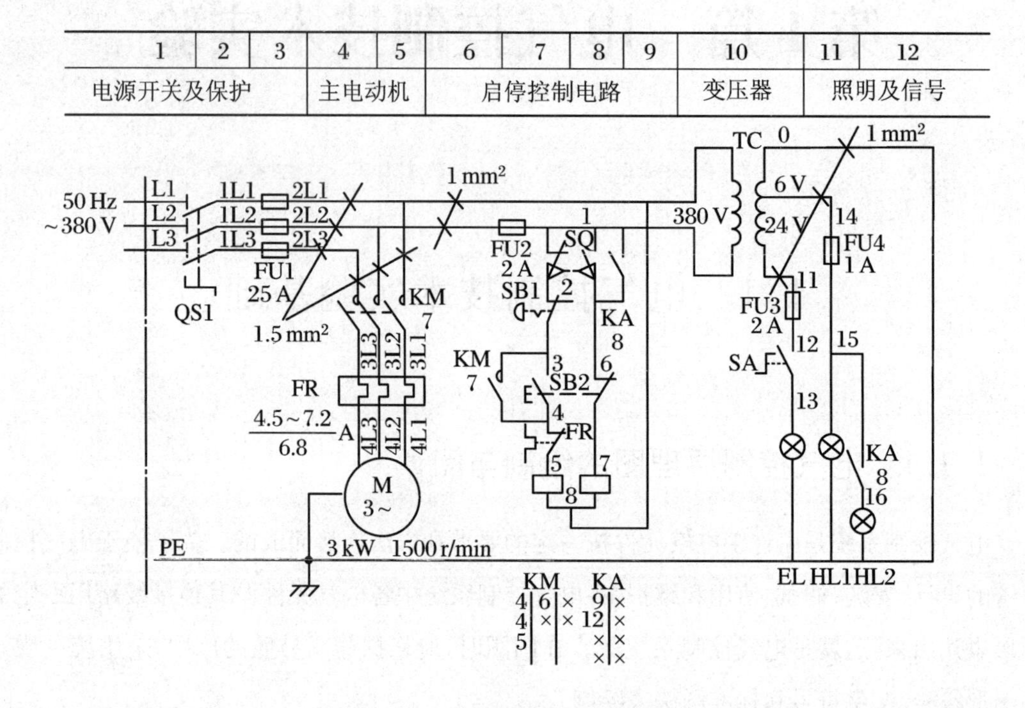

图 1.1 某机床的电气原理图

② 在原理图中,各电气元件不画实际的外形图,而采用国家规定的统一标准来画,文字符号也要符合国家标准。属于同一电器的线圈和触点,要用同一文字符号表示。当使用相同类型电器时,可在文字符号后加注阿拉伯数字序号来区分。

③ 同一电器的各个部件可以不画在一起,但必须采用同一文字符号标明。若有多个同一种类的电气元件,可在文字符号后加上数字序号,如 KM1、KM2。

④ 元器件和设备的可动部分在图中通常均以自然状态画出。所谓自然状态是指各种电器在没有通电和不受外力作用时的状态。对于接触器、电磁式继电器等是指其线圈未加电压,而对于按钮、限位开关等,则是指其尚未被压合。

⑤ 在原理图中,有直接电联系的交叉导线的连接点,要用黑圆点表示。无直接电联系的交叉导线,交叉处不能画黑圆点。

⑥ 在原理图中,无论是主电路还是辅助电路,各电气元件一般应按动作顺序从上到下、从左到右依次排列,可水平布置或垂直布置。

3. 图面区域的划分

图面分区时，竖边从上到下用大写英文字母，横边从左到右用阿拉伯数字分别编号，分区代号用该区域的字母和数字表示。图区横向编号下方的“电源开关及保护”等字样，表明它对应的下方元件或电路的功能，以便于理解整个电路的工作原理。图面分区式样如图1.2所示。

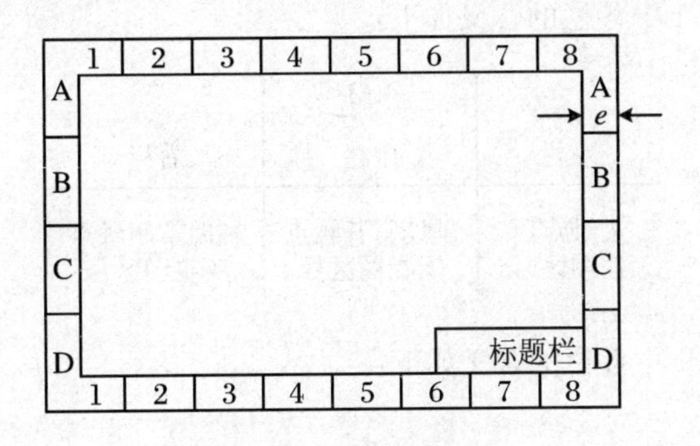

图1.2　图面分区式样

图中的 e 表示图框线与边框线的距离，A0、A1号图纸为20 mm，A2～A4号图纸为10 mm

4. 符号位置的索引

较复杂的电气原理图中，在继电器、接触器的线圈文字符号下方要标注其触点位置的索引；而在触点文字符号下方要标注其线圈位置的索引。符号位置的索引，采用图号、页次和图区编号的组合索引法。索引代号的组成如图1.3所示。

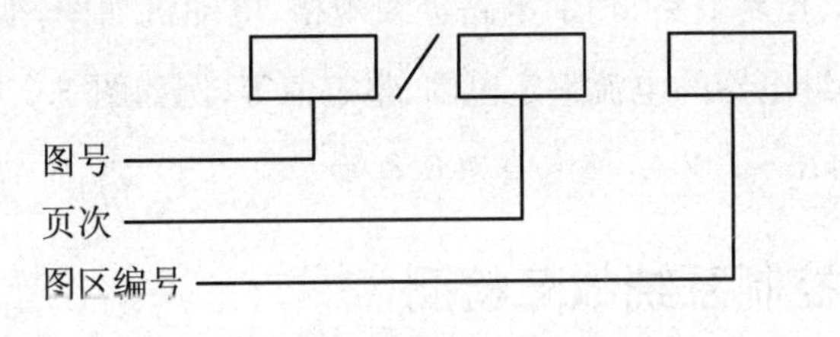

图1.3　索引代号的组成

当与某一元件相关的各符号元素出现在不同图号的图样上，而每个图号仅有一页图样时，索引代号可省去页次。当与某一元件相关的各符号元素出现在同一图号的图样上，而该图号有几张图样时，索引代号可省去图号。因此，当与某一元件相关的各符号元素出现在只有一张图样的不同图区时，索引代号只用图区号表示。

图1.1中图区9触点KA下面的8，即为最简单的索引代号，它指出继电器KA的线圈

位置在图区 8;图区 5 接触器主触点 KM 下面的 7 指出 KM 的线圈位置在图区 7。

在电气原理图中,接触器和继电器线圈与触点的从属关系,应用附图表示。即在原理图中相应线圈的下方,给出触点的文字符号,并在其下面注明相应触点的索引代号,对未使用的触点用"×"表明。有时也可采用上述省去触头的表示法。图 1.1 中图区 7 KM 线圈和图区 8 KA 线圈下方的是接触器 KM 和继电器 KA 相应触点的位置索引。

对于接触器,图 1.1 中各栏的含义如下:

KM		
左栏	中栏	右栏
主触点所在图区号	辅助常开触点所在图区号	辅助常闭触点所在图区号

对于继电器,图 1.1 中各栏的含义如下:

KA	
左栏	右栏
常开触点所在图区号	常闭触点所在图区号

5. 技术数据的标注

电气元件的技术数据,除在电气元件明细表中标明外,有时也可用小号字体标在其图形符号的旁边,如主电路、控制电路、辅助电路进线规格,电动机功率,变压器原边、副边电压,熔断器的额定电流,热继电器的电流整定范围、整定值等(例如图 1.1 中图区 4 热继电器 FR 的动作电流值范围为 4.5~7.2 A,整定值为 6.8 A)。

1.1.2 电气控制系统故障检测

电气故障是指由于各种原因使电气线路不能正常工作,或使电气设备丧失功能的故障。出现电气故障后,首先要观察故障现象,分析故障原因,确定故障发生的位置(即排查故障点),比如确定短路点、损坏的元器件等,以便修复故障。

常用的电气故障检修方法有电阻法、电压法、短路法、开路法和电流法等。

1. 电阻测量法

利用仪表测量电路上某点或某个元器件的通断来确定故障点的方法叫电阻测量法。电

阻测量法分为分段测量法和分阶测量法，下面主要介绍分段测量法。

在使用分段测量电阻的方法排查线路故障前，先断开电源，然后把万用表拨到电阻挡对怀疑的电路进行测量。如图 1.4 所示，测量图中 1—2、2—3、3—4、4—5 之间的电阻，若测得

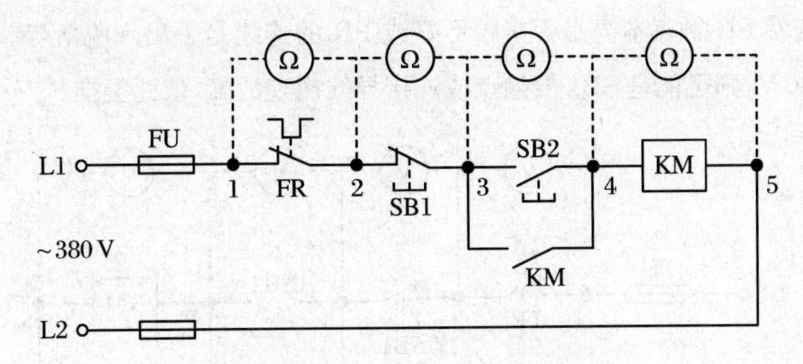

图 1.4　分段测量电阻法示意图

某两点之间的电阻很大，说明该触点接触不良或导线断路。正常情况下，1—2、2—3 之间的电阻为零，按下 SB2 后，3—4 之间的电阻也为零，4—5 之间的电阻为接触器 KM 吸引线圈的电阻值。若测得 4—5 之间的电阻为无穷大，则表示吸引线圈 KM 断线或接线脱落；若测得 4—5 之间电阻值也为零，则吸引线圈 KM 可能短路。

用电阻测量法检查故障时，必须注意以下几点：

① 检查电路前，一定要先断开电路的电源，否则会烧毁万用表。随时注意总停按钮和电源总开关所在的地方，在测量过程中，发现不正常情况应立即停车检查。

② 不要随意触动带电电器，养成单手操作的习惯。

③ 测量时必须将与被测电路并联的其他电路断开，否则会因为并联的其他电路而使电路测量值不准，从而造成误导。

2. 电压测量法

利用仪表测量电路上某点的电压值来判断电路故障点的范围或元器件的方法叫电压测量法。与电阻测量法类似，电压测量法也分为分段测量法和分阶测量法，下面主要介绍分段测量法。

如图 1.5 所示，在采用分段电压测量法检查线路故障前，先接通电源，按下启动按钮 SB2。正常时，接触器 KM 的线圈得电吸合并自锁，将万用表拨到交流电压挡对电路进行测量。此时电路中的 1—2、2—3、3—4 各段的电压均应为零，4—5 段的电压应为 380 V。

(1) 触点故障

按下启动按钮 SB2，若吸引线圈 KM 不吸合，则用万用表测量 1—5 之间的电压。若测

量电压为380 V,则说明电源电压正常,熔断器FU没有问题。然后接着测量1—4之间各段的电压,如果1—2之间的电压为380 V,则热继电器FR保护触点已动作或者热继电器FR的常闭触点接触不良,此时应查看热继电器FR所保护的电动机是否过载或FR整定电流是否调得太小,查看FR触点本身是否接触不好或FR的连线是否出现脱落等。如果2—3之间的电压为380 V,则可能是SB1的触点或连接导线出现故障,依此类推。

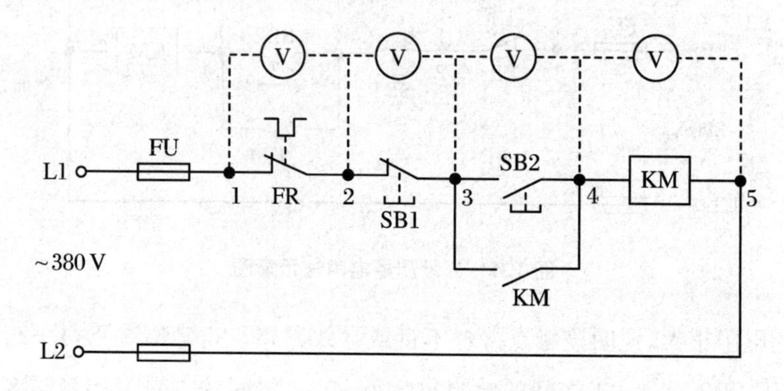

图1.5 分段测量电压法示意图

(2) 线圈故障

若1—4之间各段的电压都为零,4—5之间的电压为380 V,而KM线圈不吸合,则可能连接KM线圈的导线断开,或者是KM线圈本身出了故障。

用电压法检测电路的故障点简单、明了、直观,但应注意电路中交流电压和直流电压的测量,并应注意选用万用表的量程,切不可错用万用表的电流挡或电压挡在电路上带电进行测量,以免烧坏万用表。

3. 短路测量法

用导线将机床上两等电位点短接起来,来确定故障点的范围或故障点的方法叫短路法。

如图1.6电路中,若按下SB3,接触器KM1不吸合,可以断定0号线至1号线有断点。用导线短接1号线和7号线,KM1应吸合,否则0号线或KM1线圈本身有断路点;如果KM1吸合,可证明断点在1号线至7号线之间。然后将1号线与6号线短接,看KM1是否吸合,若不吸合则FR1有断路点;若吸合,可分别将2号线、3号线、4号线、5号线和6号线短接,依次排查,最终找到故障断点。

短路法简单、实用,查找故障快捷、迅速,是电气熟练人员常用的方法之一。它主要用在机床控制电路的故障检查上,但是在使用过程中一定要注意"等电位"的概念,不能随意进行

短路。例如在图 1.6 中，1 号线和 7 号线为“等电位”点，即在 1 号线与 7 号线之间没有串接任何耗能器件使得 1 号线和 7 号线产生电位差，可以短接。但是 1 号线和 0 号线就不是等电位点了，它们之间接了一个 KM1 线圈，存在 110 V 电位差，如果将它们短接，就会发生短路事故。“等电位”是读者在使用短路法之前务必要弄清楚的重要概念。

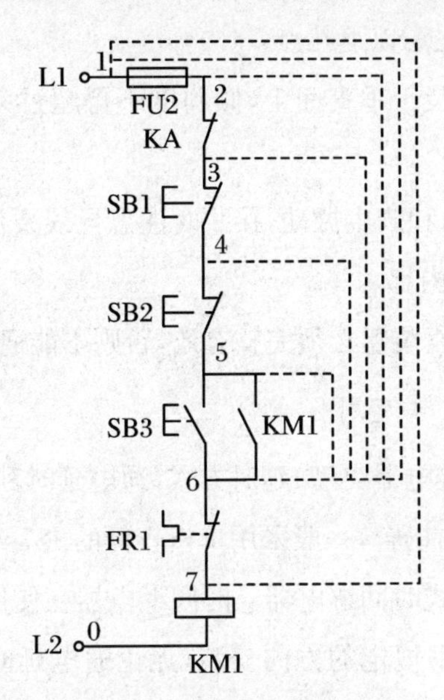

图 1.6　短路测量法示意图

1.1.3　常用电气元件的选择与使用

1. 接触器的选择与使用

接触器根据其主触点通过电流种类不同分为交流、直流两种。在选择接触器时一般从以下几个方面考虑：

① 主触点控制电源的种类。是交流还是直流。

② 主触点的额定电压和额定电流。接触器主触点的额定电压应大于或等于线路的额定电压。主触点的额定电流应按负载的性质和电流大小计算，对于电动机控制电路可按下式计算：

$$I_c = KI_N$$

式中，I_c——接触器主触点的额定电流；

K——经验系数，一般正常使用的电动机 K 值取 1.1～1.4；

I_N——电动机的额定电流。

③ 辅助触点的种类、数量及触点额定电流。

④ 电磁线圈的电源种类、频率和额定电压。

⑤ 额定操作频率(次/小时),即每小时允许接通的最多次数。

交流接触器在使用时要注意以下几点:

① 交流接触器一般应安装于垂直面上,倾斜度不得超过 5°,同时要考虑散热和防止飞弧烧坏其他电器。

② 安装要牢靠,防止松动和产生振动,接线时注意导线要压紧,不能使交流接触器受到拉力,不能让杂物进入接触器内部。

③ 交流接触器使用时灭弧装置必须完整有效,否则不能通电运行。

2. 时间继电器的选择与使用

选择时间继电器主要从继电器类型、延时方式(通电延时和断电延时)、线圈电压等方面考虑。凡是对延时要求不高的场合,一般采用价格较低的 JS7-A 系列时间继电器,要求较高的场合采用 JS20 系列晶体管式时间继电器。时间继电器在使用时应注意以下几点:

① 时间继电器应按说明书规定的方向安装,无论通电延时型还是断电延时型,都必须使继电器在断电后,释放时衔铁的运动方向垂直向下,其倾斜度不得超过 5°。

② 时间继电器的整定值,应预先在不通电时进行整定,并在试车时校正。

③ 时间继电器金属底板上的接地螺钉必须与接地线可靠连接。

④ 时间继电器的延时工作形式可在整定时间内自行变换实现。

⑤ 使用时,应经常清除灰尘及油污,否则延时误差大。

3. 熔断器的选择与使用

常用的熔断器有瓷插式熔断器、螺旋式熔断器、封闭式熔断器及快速熔断器。熔断器和熔体只有经过正确的选择,才能起到应有的保护作用。在选用熔断器及熔体时应注意以下几点:

① 熔断器类型的选择。根据使用环境和负载性质选择适当类型的熔断器。在机床控制线路中,多选用 RL1 系列螺旋式熔断器。

② 熔体额定电流的选择,参考下面几点。

a. 对照明、电热等电流较平稳、无冲击电流的负载短路保护,熔体的额定电流应等于或稍大于负载的额定电流。

b. 对一台不经常启动而且启动时间不长的电动机的短路保护，熔体额定电流 I_{RN}应大于或等于1.5～2.5倍电动机额定电流 I_N，即 $I_{RN} \geqslant (1.5 \sim 2.5) I_N$；对于频繁启动或启动时间较长的电动机，式中的系数应增加到3～3.5。

c. 对多台电动机的短路保护，熔体的额定电流 I_{RN}应大于或等于其中最大容量电动机的额定电流 I_{Nmax}的1.5～2.5倍加上其余电动机额定电流的总和$\sum I_N$，即 $I_{RN} \geqslant (1.5 \sim 2.5) I_{Nmax} + \sum I_N$。

③ 熔断器额定电压和额定电流的选择。熔断器的额定电压必须等于或大于线路的额定电压；熔断器的额定电流必须等于或大于所装熔体的额定电流。

④ 熔断器的分段能力应大于电路中可能出现的最大短路电流。

熔断器在安装使用时要考虑以下几点：

① 熔断器应完整无损，安装时应保证熔体和夹座接触良好，并具有额定电压、额定电流值标志。

② 螺旋式熔断器的电源线应接在瓷底座的下接线座上，负载线应接在螺纹壳的上接线座上，这样在更换熔断管时，旋出螺帽后螺纹壳上不带电，保证了操作者的安全。

③ 熔断器内要安装合格的熔体，不能用多根小规格熔体并联代替一根大规格熔体。

④ 安装熔断器时，各级熔体应相互配合，并做到下一级熔体的规格比上一级小。

⑤ 更换熔体或熔管时，应切断电源，严禁带负荷操作，以免发生电弧灼伤。

4. 热继电器的选择与使用

选择热继电器时，主要根据所保护电动机的额定电流来确定热继电器的规格和热元件的电流等级。

① 选择热继电器的规格时，应使热继电器的额定电流大于电动机的额定电流。

② 热元件的电流等级和整定电流值选择。在确定热元件的电流等级时要考虑整定电流应留有一定的上下限调整范围。一般情况下，热元件的整定电流为电动机额定电流的0.95～1.05倍。但如果电动机拖动的是冲击性负载或启动时间较长及拖动的设备不允许停电的场合，则热继电器的整定电流可取电动机额定电流的1.1～1.5倍。如果电动机的过载能力较差，则热继电器的整定电流可取电动机额定电流的0.6～0.8倍。

③ 热继电器的结构形式选择。对于定子绕组座Y形联结的电动机选用普通三相结构的热继电器，而绕组座△形联结的电动机应选用三相带断相保护装置的热继电器。

在使用热继电器的时候要注意以下几个方面：

① 热继电器必须按照产品说明书中规定的方式安装。其所处的环境温度应与电动机所处环境温度基本相同。当与其他电器安装在一起时，应注意将热继电器安装在其他电器的下方，以免其动作特性受到其他电器发热的影响。

② 热继电器安装时应检查、清除触点表面尘污，以免因接触电阻过大或接触不良而影响热继电器的动作特性。

③ 热继电器出线端的连接导线，应按规定选用，否则会影响热继电器的动作灵敏度。这是因为导线的粗细和材料将影响到热元件端接点传导到外部热量的多少。导线过细，轴向导热性差，热继电器可能提前动作；反之，轴向导热性好，热继电器可能滞后动作。

④ 使用中的热继电器应定期通电校验。此外，当发生短路事故后，应检查热元件是否已发生永久变形，若已变形，则需要通电校验。因热元件变形或其他原因致使动作不准确时，只能调整其可调部件，绝不能折弯热元件。

⑤ 热继电器在出厂时均调整为手动复位方式，如果需要自动复位，只要将复位螺钉顺时针方向旋转 3～4 圈，稍微拧紧即可。

⑥ 热继电器在使用中应定期清除尘垢和污垢，若发现双金属片上有锈斑，则应用清洁棉布蘸汽油轻轻擦除，切忌用砂纸打磨。

5. 常用的主令电器的选择

按钮是使用得最多的主令电器之一。按钮的结构形式有多种，并有不同颜色。按钮在选用时应根据用途和使用场合选择型号和形式；按照工作状态指示和工作情况的要求选择按钮和指示灯的颜色；按照控制电路的需要合理地安排按钮的数量。

行程开关又称为“位置开关”或“限位开关”，位置开关的选择主要考虑其结构形式、触点数目、电压电流等级等因素。

1.2 三相异步电动机点动与单相连续运转控制线路实验

1.2.1 实验目的

① 熟悉三相异步电动机、交流接触器、热继电器、按钮等元器件的结构、工作原理、型

号、使用方法及在线路中的作用。

② 熟练掌握使用万用表检查三相异步电动机、交流接触器、热继电器、按钮等电气元件及电路接线的方法。

③ 掌握三相异步电动机的点动、连续运转控制线路的工作原理和接线方法。

1.2.2　实验设备及电气元件

① 三相笼型异步电动机1台。

② 三相转换开关1个。

③ 交流接触器1个。

④ 控制按钮2个。

⑤ 热继电器1个。

⑥ 熔断器2个。

⑦ 电工常用工具1套。

⑧ 导线若干。

1.2.3　实验原理及线路

1. 点动控制线路

图1.7所示为电动机点动控制线路。图中转换开关QS、熔断器FU、交流接触器KM的主触点、热继电器FR的热元件与电动机组成主电路，主电路中通过的电流较大。控制电路由启动按钮SB、接触器KM的线圈及热继电器FR的常闭触点组成，控制电路中流过的电流较小。

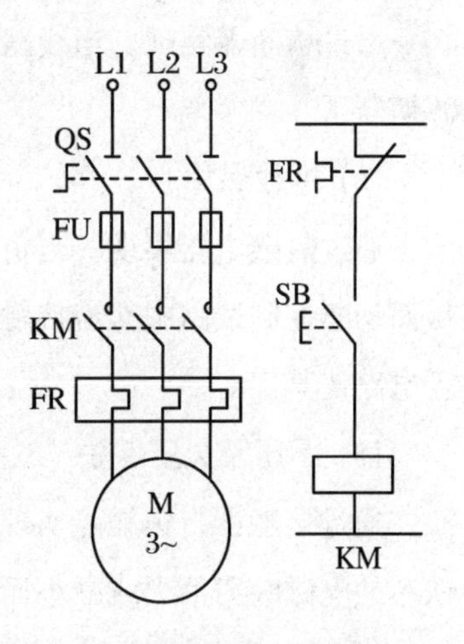

图1.7　电动机点动控制线路

控制线路的工作原理如下：接通转换开关QS，按下启动按钮SB，接触器KM的吸引线圈通电，主触点闭合，电动机定子绕组接通三相电源，电动机M启动；松开启动按钮SB，接触器线圈断电，主触点分断，切断三相电源，电动机停止。

2. 连续运转控制线路

图1.8所示为连续运转控制线路(或称长动控制线路)。其工作原理如下：接通转换开关QS，按下启动按钮SB2时，

接触器KM吸合,主触点闭合,主电路接通,电动机M启动运行。同时并联在启动按钮SB2两端的接触器辅助常开触点也闭合,故即使松开按钮SB2,控制电路也不会断电,电动机仍能继续运行。按下停止按钮SB1时,KM线圈断电,接触器主触点断开,切断主电路,电动机停转。这种依靠接触器自身的辅助触点来使其线圈保持通电的现象称为“自锁”或“自保”。

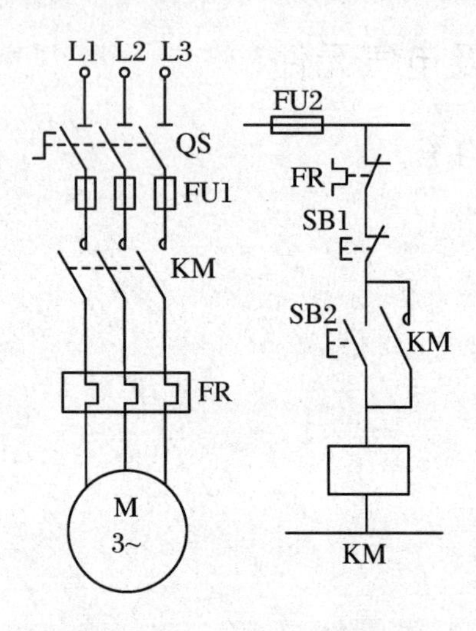

图1.8 电动机长动控制线路

3. 线路保护环节

上述线路的保护环节包括短路保护、过载保护、零压及欠压保护等。

(1) 短路保护

通过熔断器实现。当线路发生短路时熔断器的熔体熔断,从而切断电路,将电动机与电源切断。

(2) 过载保护

通过热继电器实现。当负载过大或电动机缺相运转时,热继电器动作,其常闭触点断开从而切断控制线路中交流接触器线圈回路,使接触器线圈断电,其主触点复位,切断电动机主电路使其停车。

(3) 零压及欠压保护

通过接触器自锁触点实现。当电源电压消失或电源电压严重下降时,接触器触头因其铁芯的电磁吸力消失或减小而释放,使电动机断电。同时,接触器常开触点断开失去自锁作用。零压保护防止电源电压恢复时,电动机自行启动运转,造成人身或设备安全事故;欠压保护可有效防止电压严重下降时电动机在带载情况下的低压运行。

1.2.4 实验步骤

① 根据上述两个实验线路原理图,选取相应实验设备及器材,观察电气元件的外部结构,用万用表检查各元器件的触点、线圈是否完好,了解其使用方法。

② 按照电气原理图1.7和图1.8规范连接电路。接线应遵循"先主后控,先串后并;从上到下,从左到右;上进下出,左进右出"的原则。即接线时应先接主电路,后接控制电路,先接串联电路,后接并联电路;并且按照从上到下、从左到右的顺序逐根连接;对于电气元件的进出线,则必须按照上面为进线,下面为出线,左边为进线,右边为出线的原则接线,以免造成电气元件被短接或接错。接线的工艺要求为:"横平竖直,弯成直角;少用导线少交叉,多线并拢一起走。"即横线要水平,竖线要垂直,转弯为直角,不能有斜线;接线时,尽量用最少的导线,并避免导线交叉,如果一个方向有多条导线,要合并在一起,以免接成"蜘蛛网"。

③ 自查所接线路,经指导教师检查认可后,方可合闸通电实验。

④ 按照点动和连续运转线路工作原理,依次合上转换开关、按下启动按钮并观察电动机的运转情况。如果电动机不能启动,则记录故障现象并分析故障原因,直至排除故障。

⑤ 记录实验过程中出现的所有问题并分析其原因。

⑥ 完成实验报告和总结。

1.2.5 实验注意事项

① 应在断电的情况下进行接线操作,接线应按照工艺要求进行。

② 实验上电操作过程中严禁触碰元器件或导线。

③ 实验过程中若有故障出现,首先应切断电源,再分析故障原因。

④ 注意比较点动和连续运转两种线路的异同,深化"自锁"的概念。

1.2.6 思考题

① 在点动和连续运转控制线路实验中,若出现按下启动按钮但电动机不运转的现象,试分析可能存在的故障原因。

② 在连续运转控制线路实验中,若将SB1和SB2控制按钮都接成常闭或常开触点,会出现什么现象?

③ 在连续运转控制线路实验中,若将交流接触器自锁触点误接成常闭触点,会出现什么现象?

1.3 三相异步电动机正反转控制线路实验

1.3.1 实验目的

① 熟悉三相异步电动机、交流接触器、热继电器、按钮等元器件结构、工作原理、型号、使用方法及在线路中的作用。

② 熟练掌握使用万用表检查三相异步电动机、交流接触器、热继电器、按钮等电气元件及电路接线的方法。

③ 掌握三相异步电动机的"正—停—反"、"正—反—停"控制线路的工作原理和接线方法。

1.3.2 实验设备及电气元件

① 三相笼型异步电动机1台。

② 三相转换开关1个。

③ 交流接触器2个。

④ 控制按钮3个。

⑤ 热继电器1个。

⑥ 熔断器1个。

⑦ 电工常用工具1套。

⑧ 导线若干。

1.3.3 实验原理及线路

对于三相笼型异步电动机的正反转控制,只需将接至交流电动机的三相电源进线中任意两相对调,即可实现反转。在控制线路中可由两个接触器KM1、KM2控制。必须指出的

是KM1和KM2的主触点绝不允许同时接通，否则将造成电源短路事故。因此，在正转接触器的线圈KM1通电时，不允许反转接触器的线圈KM2通电；同样，在线圈KM2通电时，也不允许线圈KM1通电，可通过"互锁"电路实现上述制约关系。

1. "正转—停止—反转"控制线路

控制线路如图1.9所示，其实质是利用接触器互锁实现正反转控制。工作原理为：合上转换开关QS，按下正转启动按钮SB2，接触器KM1线圈得电自锁，其辅助常闭触点断开，起互锁作用，切断了接触器KM2的控制电路，KM1主触点闭合，主电路按顺相序接通，电动机M正转。此时若按下停止按钮SB1，KM1线圈断电，其所有触点复位，电动机停转，KM1辅助常闭触点恢复闭合，为电动机反转做好准备。若再按下反转启动按钮SB3，则KM2线圈得电自锁，主电路按逆相序接通，电动机反转。同理，KM2常闭触点切断了KM1的控制电路，使KM1线圈无法得电。要注意的是：无论在正转还是反转的运行过程中，若想改变电动机的转向，必须经过"停车"这一过程，这是由KM1、KM2辅助常闭触点构成的互锁电路决定的。

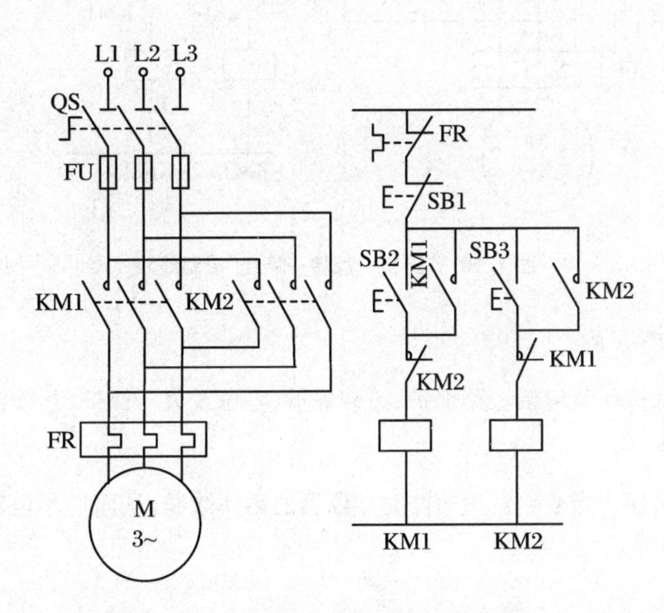

图1.9 "正转—停止—反转"控制线路

2. "正转—反转—停止"控制线路

控制线路如图1.10所示，其实质是利用接触器及复合按钮相结合的双重互锁实现正反转控制，即既有接触器的电气互锁，又有复合按钮的机械联锁的正反转控制线路。其工作原

理是:合上转换开关QS,按下SB2,接触器KM1线圈得电吸合并自锁,KM1主触点闭合,电动机正转,KM1常闭触点断开,互锁。此时若按下SB3,其常闭触点首先断开KM1线圈回路,KM1所有触点复位,接着SB3常开触点闭合,接触器KM2得电吸合并自锁,KM2主触点闭合,电动机反转,KM2常闭触点断开,互锁。按下SB1,电动机停转。由于复合按钮的机械结构决定其触点的动作顺序,即常闭触点先断开,常开触点后闭合,因此这种"正转—反转—停止"控制线路能实现正反转直接切换的要求。

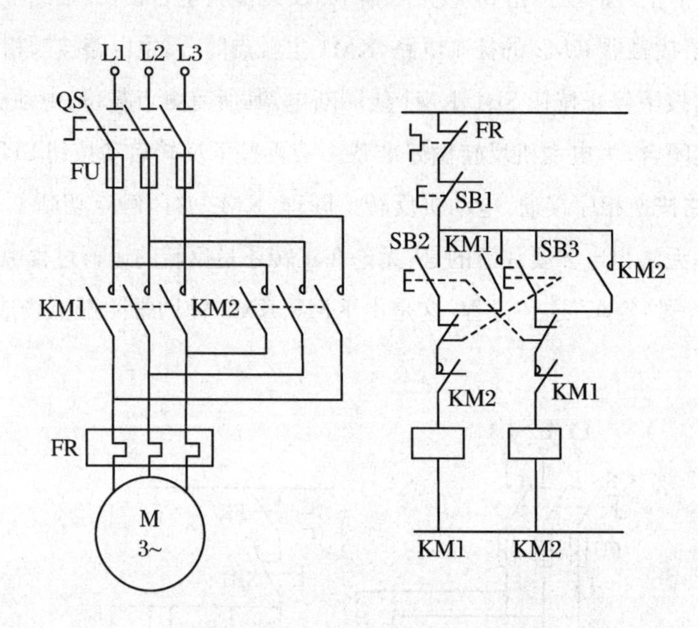

图1.10 "正转—反转—停止"控制线路

3. 线路保护环节

上述线路的保护环节包括短路保护、过载保护、零压及欠压保护、互锁保护等。

(1) 短路保护

通过熔断器实现。当线路发生短路时熔断器的熔体熔断,从而切断电路,将电动机与电源切断。

(2) 过载保护

通过热继电器实现。当负载过大或电动机缺相运转时,热继电器动作,其常闭触点断开从而切断控制线路中交流接触器线圈回路,使接触器线圈断电,其主触点复位,切断电动机主电路使其停车。

(3) 零压及欠压保护

通过接触器自锁触点实现。当电源电压消失或电源电压严重下降时,接触器触头因其铁芯的电磁吸力消失或减小而释放,使电动机断电。同时,接触器常开触点断开失去自锁作用。零压保护防止电源电压恢复时,电动机自行启动运转,造成人身或设备安全事故;欠压保护可有效防止电压严重下降时电动机在带载情况下的低压运行。

(4) 互锁保护

通过接触器的互锁触点实现。在上述线路中,KM1 和 KM2 这两个接触器的线圈不能同时得电吸合,否则将会导致电源短路,因此可利用接触器常闭触点串联到对方线圈回路中,从而限制两个接触器线圈同时得电的情况。

1.3.4　实验步骤

① 根据上述两个实验线路原理图,选取相应实验设备及器材,观察电气元件的外部结构,用万用表检查各元器件的触点、线圈是否完好,了解其使用方法。

② 依次按照电气原理图 1.9 和图 1.10 规范连接电路,接线应遵循"先主后控,先串后并;从上到下,从左到右;上进下出,左进右出"的原则。即接线时应先接主电路,后接控制电路,先接串联电路,后接并联电路;并且按照从上到下、从左到右的顺序逐根连接;对于电气元件的进出线,则必须按照上面为进线,下面为出线,左边为进线,右边为出线的原则接线,以免造成电气元件被短接或接错。接线的工艺要求为:横平竖直,弯成直角;少用导线少交叉,多线并拢一起走。即横线要水平,竖线要垂直,转弯为直角,不能有斜线;接线时,尽量用最少的导线,并避免导线交叉,如果一个方向有多条导线,要合并在一起,以免接成"蜘蛛网"。

③ 自查所接线路,经指导教师检查认可后,方可合闸通电实验。

④ 按照"正—停—反"和"正—反—停"控制线路工作原理,"正—停—反"线路实验中,依次合上转换开关,按下正向启动按钮、停止按钮和反向启动按钮,观察电动机的运转情况;"正—反—停"线路实验中,依次合上转换开关,按下正向启动按钮、反向启动按钮和停止按钮,观察电动机的运转情况。如果电动机不能启动,记录故障现象并分析故障原因,直至排除故障。

⑤ 记录实验过程中出现的所有问题并分析其原因。

⑥ 完成实验报告和总结。

1.3.5 实验注意事项

① 应在断电的情况下进行接线操作,接线应按照工艺要求进行。

② 实验上电操作过程中严禁触碰元器件或导线。

③ 实验过程中若有故障出现,首先应切断电源,再分析故障原因。

④ 注意比较“正—停—反”和“正—反—停” 两种控制线路的异同,深化“互锁”和“联锁”的概念。

1.3.6 思考题

① 在“正—停—反”和“正—反—停”控制线路实验过程中,若出现按下反向启动按钮但电动机不能反向运转的现象,试分析可能存在的故障原因。

② 在“正—停—反”控制线路正转过程中,若直接按反向启动按钮 SB3,能实现电动机的反转吗?

③ 在“正—停—反”和“正—反—停”控制线路实验过程中,若将 KM1 线圈回路中的互锁触点 KM2 误接成 KM1,会出现什么现象?

1.4 三相异步电动机 Y—△减压启动控制线路实验

1.4.1 实验目的

① 熟悉三相异步电动机、交流接触器、时间继电器、热继电器、按钮等元器件的结构、工作原理、型号、使用方法及在线路中的作用。

② 熟练掌握使用万用表检查三相异步电动机、交流接触器、时间继电器、热继电器、按钮等电气元件及电路接线的方法。

③ 掌握三相异步电动机的 Y—△减压启动控制线路的工作原理和接线方法。

④ 掌握电气控制线路的调试及故障排除的方法。

1.4.2　实验设备及电气元件

① 三相笼型异步电动机1台。

② 三相转换开关1个。

③ 交流接触器3个。

④ 通电延时型时间继电器1个。

⑤ 控制按钮2个。

⑥ 热继电器1个。

⑦ 熔断器1个。

⑧ 电工常用工具1套。

⑨ 导线若干。

1.4.3　实验原理及线路

1. Y—△减压启动控制线路

Y—△减压启动仅用于正常运行时定子绕组为△形联结的电动机。Y—△启动时，电动机绕组先联结成Y形，待转速增加到一定程度时，再将线路切换成△形联结。这种方法可使每相定子绕组所承受的电压在启动时降低到电源电压的$1/\sqrt{3}$，其电流为直接启动时的1/3。由于启动电流减小，启动转矩也同时减小到直接启动的1/3，所以这种方法一般只适合于空载或轻载启动的场合。

Y—△减压启动线路如图1.11所示，采用了3个接触器的主触点来对电动机进行Y—△转换，工作可靠。

工作原理为：先合上转换开关QS，按下启动按钮SB2，接触器KM1、KM3线圈得电，KM1、KM3的主触点闭合使电动机定子绕组联结成Y形，接入三相电源进行减压启动。同时，时间继电器KT线圈得电，经一段延时后，其延时断开常闭触点KT断开，KM3线圈失电，而延时闭合常开触点KT闭合，KM2线圈得电并自锁，电动机绕组联结成△形全压运行。按下SB1电动机停转。

图1.11中KM3线圈得电后，其辅助常闭触点断开，防止KM2线圈同时得电；同样，KM2线圈得电后，其辅助常闭触点断开，防止KM3线圈同时得电。这种互锁关系，可保证启动过程中KM2与KM3的主触点不能同时闭合，从而防止电源短路。KM2的辅助常闭触

点同时也使时间继电器KT线圈断电。

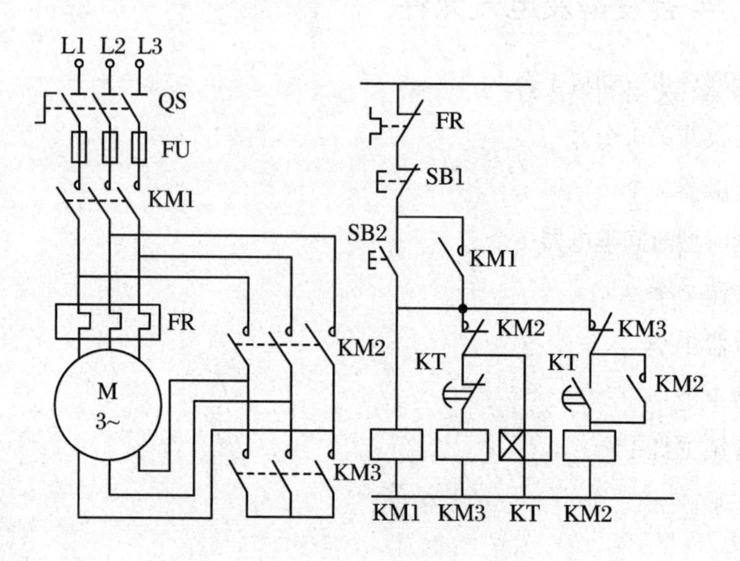

图1.11 Y—△减压启动控制线路

2. 线路保护环节

上述线路的保护环节包括短路保护、过载保护、零压及欠压保护、互锁保护等。

(1) 短路保护

通过熔断器实现。当线路发生短路时熔断器的熔体熔断,从而切断电路,将电动机与电源切断。

(2) 过载保护

通过热继电器实现。当负载过大或电动机缺相运转时,热继电器动作,其常闭触点断开从而切断控制线路中交流接触器线圈回路,使接触器线圈断电,其主触点复位,切断电动机主电路使其停车。

(3) 零压及欠压保护

通过接触器自锁触点实现。当电源电压消失或电源电压严重下降时,接触器触头因其铁芯的电磁吸力消失或减小而释放,使电动机断电。同时,接触器常开触点断开失去自锁作用。零压保护防止电源电压恢复时,电动机自行启动运转,造成人身或设备安全事故;欠压保护可有效防止电压严重下降时电动机在带载情况下的低压运行。

(4) 互锁保护

通过接触器的互锁触点实现。在上述线路中,KM2和KM3这两个接触器的线圈不能

同时得电吸合,否则将会导致电源短路。可利用接触器常闭触点串联到对方线圈回路中,从而限制两个接触器线圈同时得电的情况。

1.4.4　实验步骤

① 根据上述实验线路原理图,选取相应实验设备及器材,观察电气元件的外部结构,用万用表检查各元器件的触点、线圈是否完好,了解其使用方法。

② 按照电气原理图 1.11 规范连接电路,接线应遵循"先主后控,先串后并;从上到下,从左到右;上进下出,左进右出"的原则。即接线时应先接主电路,后接控制电路,先接串联电路,后接并联电路;并且按照从上到下、从左到右的顺序逐根连接;对于电气元件的进出线,则必须按照上面为进线,下面为出线,左边为进线,右边为出线的原则接线,以免造成电气元件被短接或接错。接线的工艺要求为:横平竖直,弯成直角;少用导线少交叉,多线并拢一起走。即横线要水平,竖线要垂直,转弯为直角,不能有斜线;接线时,尽量用最少的导线,并避免导线交叉,如果一个方向有多条导线,要合并在一起,以免接成"蜘蛛网"。

③ 自查所接线路,经指导教师检查认可后,方可合闸通电实验。

④ 按照 Y—△减压启动控制电路工作原理,依次合上转换开关、按下启动按钮,观察电动机的启动运转情况;如果电动机不能启动,记录故障现象并分析故障原因,直至排除故障。

⑤ 适当调节时间继电器延时时间,注意观察时间继电器延时触点动作是否准确及对电动机启动过程的影响。

⑥ 记录实验过程中出现的所有问题并分析其原因。

⑦ 完成实验报告和总结。

1.4.5　实验注意事项

① 应在断电的情况下进行接线操作,接线应按照工艺要求进行。

② 实验上电操作过程中严禁触碰元器件或导线。

③ 实验过程中若有故障出现,首先应切断电源,再分析故障原因。

④ 在 Y—△减压启动控制线路接线时,应注意电动机绕组的连接方法。

⑤ 时间继电器延时时间的调整应适当,避免电动机启动时间过长。

1.4.6　思考题

① 在 Y—△减压启动控制线路实验过程中,若出现电动机不能切换成△形联结运转,

试分析可能存在的故障原因。

② 在Y—△减压启动控制线路接线时,若将时间继电器的延时常开和常闭触点接反,会出现什么现象?

③ 试用断电延时型时间继电器设计一个Y—△减压启动控制线路。

注:三相笼型异步电动机绕组星形和三角形(Y/△形)联结方法

三相笼型异步电动机绕组星形和三角形联结方法如图1.12所示。

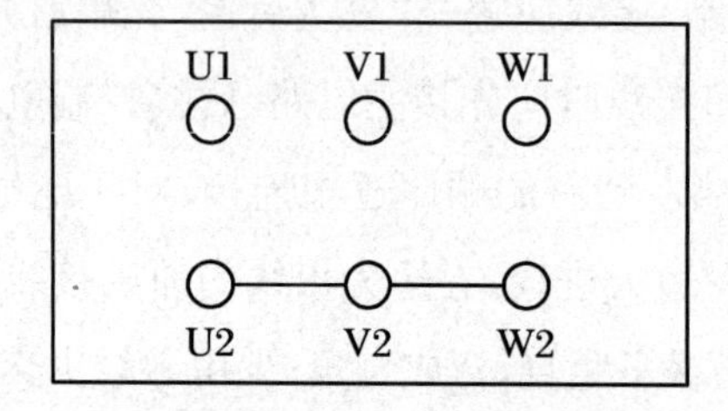

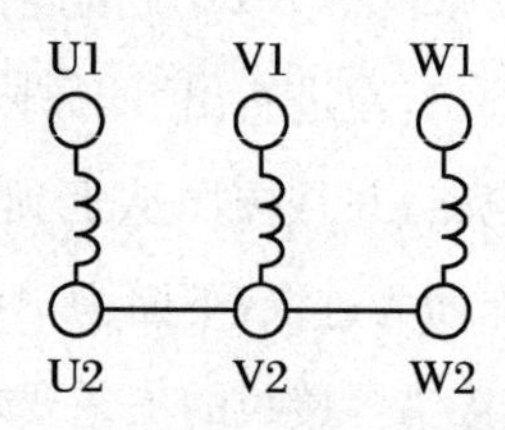

星形(Y形)联结法

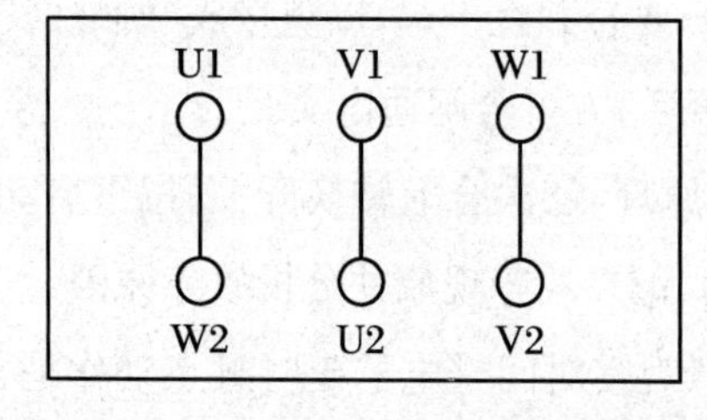

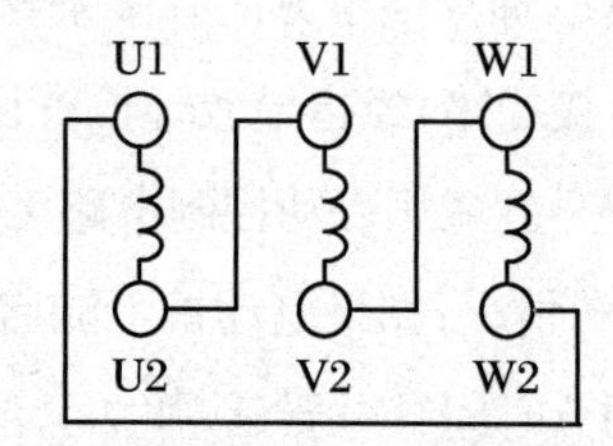

三角形(△形)联结法

图1.12 三相笼型异步电动机绕组星形和三角形联结方法

1.5 三相异步电动机自动顺序控制线路实验

1.5.1 实验目的

① 熟悉三相异步电动机、交流接触器、时间继电器、中间继电器、热继电器、按钮等元器件的结构、工作原理、型号、使用方法及在线路中的作用。

② 熟练掌握使用万用表检查三相异步电动机、交流接触器、时间继电器、热继电器、按钮等电气元件及电路接线的方法。

③ 掌握两台异步电动机按时间原则顺序启动、逆序停车控制线路的工作原理和接线方法。

④ 掌握多台异步电动机自动顺序控制线路的设计方法。

⑤ 掌握电气控制线路的调试及故障排除的方法。

1.5.2 实验设备及电气元件

① 三相笼型异步电动机2台。

② 三相转换开关1个。

③ 交流接触器2个。

④ 通电延时型时间继电器2个。

⑤ 中间继电器1个。

⑥ 控制按钮3个。

⑦ 热继电器2个。

⑧ 熔断器3个。

⑨ 电工常用工具1套。

⑩ 导线若干。

1.5.3 实验原理及线路

1. 两台异步电动机顺序启动、逆序停车控制线路

两台异步电动机顺序启动、逆序停车控制线路的控制要求为：

① 当两台异步电动机都处于停车状态时，按下启动按钮SB2，电动机M1启动，当M1启动运转一段时间后，电动机M2自行启动。

② 当两台电动机都处于运转状态时，按下停止按钮SB3，电动机M2停车，当M2停车一段时间后，电动机M1自行停车。

③ 当两台电动机都处于运转状态时，按下总停按钮SB1，电动机M1、M2同时停车。

两台异步电动机顺序启动、逆序停车控制线路原理图如图1.13所示。

工作原理为：先合上转换开关QS，按下启动按钮SB2，接触器KM1、时间继电器KT1同

时得电并自锁,KM1主触点闭合,电动机M1启动运转。一段时间后,通电延时型时间继电器KT1计时时间到,其延时闭合的常开触点动作,接通KM2线圈电路并自锁,KM2主触点闭合,电动机M2启动运转。同时,KM2常闭触点断开,切断KT1线圈回路,KT1线圈断电。按下停止按钮SB3,中间继电器KA和时间继电器KT2线圈同时得电并自锁,同时KA的常闭触点断开,使接触器KM2线圈断电,电动机M2停车。一段时间后,当通电延时型时间继电器KT2计时时间到达,其延时断开的常闭触点动作,断开KM1线圈回路,电动机M1停车。

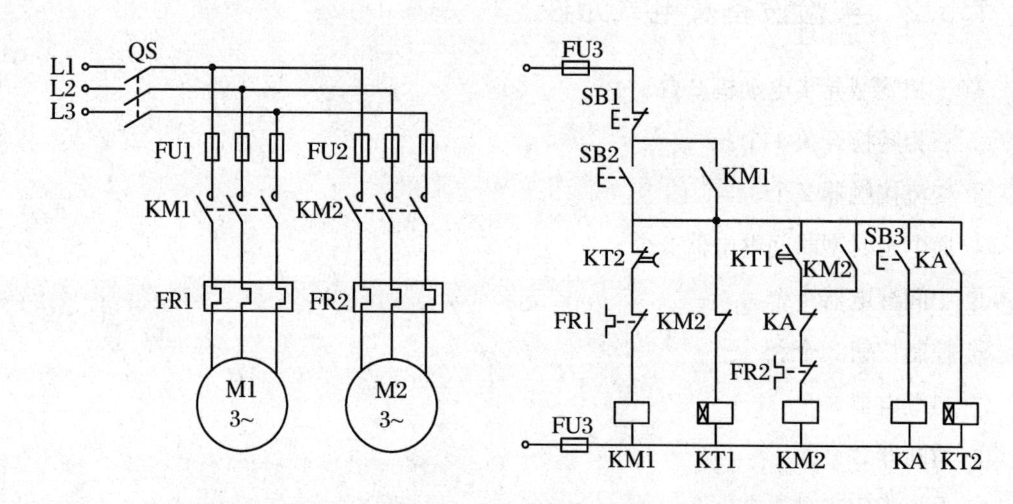

图1.13 两台异步电动机顺序启动、逆序停车控制线路原理图

2. 线路保护环节

上述线路的保护环节包括短路保护、过载保护、零压及欠压保护、互锁保护等。

(1) 短路保护

通过熔断器实现。当线路发生短路时熔断器的熔体熔断,从而切断电路,将电动机与电源切断。

(2) 过载保护

通过热继电器实现。当负载过大或电动机缺相运转时,热继电器动作,其常闭触点断开从而切断控制线路中交流接触器线圈回路,使接触器线圈断电,其主触点复位,切断电动机主电路使其停车。

(3) 零压及欠压保护

通过接触器自锁触点实现。当电源电压消失或电源电压严重下降时,接触器触头因其

铁芯的电磁吸力消失或减小而释放，使电动机断电。同时，接触器常开触点断开失去自锁作用。零压保护防止电源电压恢复时，电动机自行启动运转，造成人身或设备安全事故；欠压保护可有效防止电压严重下降时电动机在带载情况下的低压运行。

1.5.4　实验步骤

① 根据上述实验线路原理图，选取相应实验设备及器材，观察电气元件的外部结构，用万用表检查各元器件的触点、线圈是否完好，了解其使用方法。

② 按照电气原理图1.13规范连接电路，接线应遵循"先主后控，先串后并；从上到下，从左到右；上进下出，左进右出"的原则。即接线时应先接主电路，后接控制电路，先接串联电路，后接并联电路；并且按照从上到下、从左到右的顺序逐根连接；对于电气元件的进出线，则必须按照上面为进线，下面为出线，左边为进线，右边为出线的原则接线，以免造成电气元件被短接或接错。接线的工艺要求为：横平竖直，弯成直角；少用导线少交叉，多线并拢一起走。即横线要水平，竖线要垂直，转弯为直角，不能有斜线；接线时，尽量用最少的导线，并避免导线交叉，如果一个方向有多条导线，要合并在一起，以免接成"蜘蛛网"。

③ 自查所接线路，经指导教师检查认可后，方可合闸通电实验。

④ 按照两台异步电动机顺序启动、逆序停车控制线路工作原理，依次合上转换开关、按下启动按钮观察两台电动机的启动运转情况；如果两台电动机不能按照设计要求启动或停车，则记录故障现象并分析故障原因，直至排除故障。

⑤ 适当调节KT1、KT2时间继电器延时时间，注意观察时间继电器延时触点动作是否准确及对电动机启动、制动过程的影响。

⑥ 记录实验过程中出现的所有问题并分析其原因。

⑦ 完成实验报告和总结。

1.5.5　实验注意事项

① 应在断电的情况下进行接线操作，接线应按照工艺要求进行。

② 实验上电操作过程中严禁触碰元器件或导线。

③ 实验过程中若有故障出现，首先应切断电源，再分析故障原因。

④ 时间继电器的延时时间的调整应适当。

1.5.6 思考题

① 在两台异步电动机顺序启动、逆序停车控制线路实验过程中,若出现M2电动机不能顺序启动运转的现象,试分析可能存在的故障原因。

② 若将控制要求改为两台电动机顺序启动、顺序停车,该如何实现?试画出控制线路原理图。

③ 试设计3台电动机顺序启动、逆序停车的控制线路。

1.6 三相异步电动机反接制动控制线路实验

1.6.1 实验目的

① 熟悉三相异步电动机、交流接触器、速度继电器、热继电器、按钮等元器件的结构、工作原理、型号、使用方法及在线路中的作用。

② 熟练掌握使用万用表检查三相异步电动机、交流接触器、速度继电器、热继电器、按钮等电气元件及电路接线的方法。

③ 掌握三相异步电动机单向反接制动控制线路的工作原理和接线方法。

④ 掌握电气控制线路的调试及故障排除的方法。

1.6.2 实验设备及电气元件

① 三相笼型异步电动机1台。

② 三相转换开关1个。

③ 交流接触器2个。

④ 速度继电器1个。

⑤ 电阻器3个。

⑥ 控制按钮2个。

⑦ 热继电器 1 个。

⑧ 熔断器 1 个。

⑨ 电工常用工具 1 套。

⑩ 导线若干。

1.6.3　实验原理及线路

1. 三相异步电动机反接制动控制线路

反接制动是利用改变电动机电源的相序，使定子绕组产生相反方向的旋转磁场，从而产生制动转矩的一种制动方法。反接制动的特点是制动迅速，效果好，但电流冲击较大，通常仅适用于 10 kW 以下的小容量电动机。为了减小冲击电流，通常要求在电动机主电路中串联一定阻值的电阻以限制反接制动电流，该电阻称为反接制动电阻。反接制动电阻的接线方式有对称和不对称两种。采用对称接法在限制制动转矩的同时，也限制了制动电流，而采用不对称接法，只限制了制动转矩，未加制动电阻的那一相仍具有较大的电流。反接制动需要注意的是在电动机转速接近于零时，要及时切断反相序电源，以防止反向再启动。

图 1.14 是三相异步电动机单向反接制动控制线路。工作原理为：启动时，按下启动按

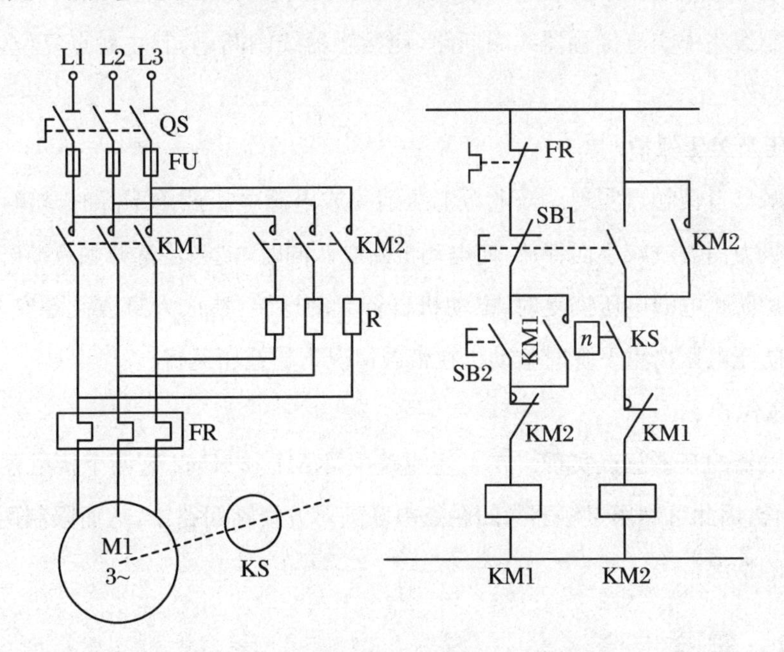

图 1.14　电动机单向反接制动控制线路

钮SB2,接触器KM1线圈得电并自锁,其主触点闭合,电动机M1运转,KM1常闭触点断开,互锁。在电动机正常运转时,速度继电器KS的常开触点闭合,为反接制动做好准备。停车时,按下停止按钮SB1,其常闭触点首先断开,接触器KM1线圈断电,KM1所有触点复位,电动机M1脱离电源。由于此时电动机的惯性很大,KS的常开触点依然处于闭合状态。接着SB1常开触点闭合,反接制动接触器KM2线圈得电并自锁,其主触点闭合,使电动机定子绕组接至与正常运转相序相反的三相交流电源,电动机进入反接制动状态,使电动机转速迅速下降。当电动机转速接近于零时,速度继电器KS常开触点复位,接触器KM2线圈电路被切断,反接制动过程结束。

2. 线路保护环节

上述线路的保护环节包括短路保护、过载保护、零压及欠压保护、互锁保护等。

(1) 短路保护

通过熔断器实现。当线路发生短路时熔断器的熔体熔断,切断电路,从而将电动机与电源切断。

(2) 过载保护

通过热继电器实现。当负载过大或电动机缺相运转时,热继电器动作,其常闭触点断开从而切断控制线路中交流接触器线圈回路,使接触器线圈断电,其主触点复位,切断电动机主电路使其停车。

(3) 零压及欠压保护

通过接触器自锁触点实现。当电源电压消失或电源电压严重下降时,接触器触头因其铁芯的电磁吸力消失或减小而释放,使电动机断电。同时,接触器常开触点断开失去自锁作用。零压保护防止电源电压恢复时,电动机自行启动运转,造成人身或设备安全事故;欠压保护可有效防止电压严重下降时电动机在带载情况下的低压运行。

(4) 互锁保护

通过接触器的互锁触点实现。在上述线路中,KM1和KM2这两个接触器的线圈不能同时得电吸合,因此可利用接触器常闭触点串联到对方线圈回路中,从而限制两个接触器线圈同时得电的情况。

1.6.4 实验步骤

① 根据上述实验线路原理图,选取相应实验设备及器材,观察电气元件的外部结构,用

万用表检查各元器件的触点、线圈是否完好，了解其使用方法。

② 按照电气原理图1.14规范连接电路，接线应遵循“先主后控，先串后并；从上到下，从左到右；上进下出，左进右出”的原则。即接线时应先接主电路，后接控制电路，先接串联电路，后接并联电路；并且按照从上到下、从左到右的顺序逐根连接；对于电气元件的进出线，则必须按照上面为进线，下面为出线，左边为进线，右边为出线的原则接线，以免造成电气元件被短接或接错。接线的工艺要求为：横平竖直，弯成直角；少用导线少交叉，多线并拢一起走。即横线要水平，竖线要垂直，转弯为直角，不能有斜线；接线时，尽量用最少的导线，并避免导线交叉，如果一个方向有多条导线，要合并在一起，以免接成“蜘蛛网”。

③ 自查所接线路，经指导教师检查认可后，方可合闸通电实验。

④ 按照三相异步电动机单向反接制动控制线路工作原理，依次合上转换开关、按下启动按钮、按下制动按钮，观察电动机的运转及制动情况；若电动机不能按照设计要求启动或制动，则记录故障现象并分析故障原因，直至排除故障。

⑤ 记录实验过程中出现的所有问题并分析其原因。

⑥ 完成实验报告和总结。

1.6.5　实验注意事项

① 应在断电的情况下进行接线操作，接线应按照工艺要求进行。

② 实验上电操作过程中严禁触碰元器件或导线。

③ 实验过程中若有故障出现，首先应切断电源，再分析故障原因。

④ 在三相异步电动机单向反接制动控制线路接线过程中，应注意制动电阻阻值的选取不能太小，以此降低线路制动时电流冲击的影响。

⑤ 在三相异步电动机单向反接制动控制线路接线过程中，应注意使用速度继电器的触点动作要符合电动机的旋转方向。

1.6.6　思考题

① 在三相异步电动机单向反接制动控制线路实验过程中，按下制动按钮后，若出现电动机反向启动，试分析可能存在的故障原因。

② 通过观察实验，说明反接制动的特点。

③ 试设计一个可逆运行的反接制动控制线路。

1.7 三相异步电动机能耗制动控制线路实验

1.7.1 实验目的

① 熟悉三相异步电动机、交流接触器、时间继电器、热继电器、按钮等元器件的结构、工作原理、型号、使用方法及其在线路中的作用。

② 熟练掌握使用万用表检查三相异步电动机、交流接触器、时间继电器、热继电器、按钮等电气元件及电路接线的方法。

③ 掌握三相异步电动机能耗制动控制线路的工作原理和接线方法。

④ 掌握电气控制线路的调试及故障排除的方法。

1.7.2 实验设备及电气元件

① 三相笼型异步电动机 1 台。

② 三相转换开关 1 个。

③ 交流接触器 2 个。

④ 通电延时型时间继电器 1 个。

⑤ 控制变压器 1 台。

⑥ 整流模块 1 个。

⑦ 可调电阻器 1 个。

⑧ 控制按钮 2 个。

⑨ 热继电器 1 个。

⑩ 熔断器 1 个。

⑪ 电工常用工具 1 套。

⑫ 导线若干。

1.7.3　实验原理及线路

所谓能耗制动，就是在电动机脱离三相交流电源后，在电动机定子绕组上立即加一个直流电压，利用转子感应电流与静止磁场的相互作用产生制动转矩以达到制动的目的。能耗制动可用时间继电器进行控制，也可用速度继电器进行控制。

1. 时间继电器控制的单向能耗制动控制线路

图1.15是时间继电器控制的单向能耗制动控制线路。工作原理：在电动机正常运行的时候，若按下停止按钮SB1，首先接触器KM1断电，主触头释放，电动机脱离三相交流电源。然后接触器KM2线圈得电，直流电源经接触器KM2的主触点加入电动机定子绕组。时间继电器KT线圈与接触器KM2线圈同时得电并自锁，电动机进入能耗制动状态。当电动机转速接近零时，时间继电器延时动断触点断开，KM2线圈断电释放。由于KM2辅助常开触点复位，时间继电器KT线圈断电，电动机能耗制动过程结束。

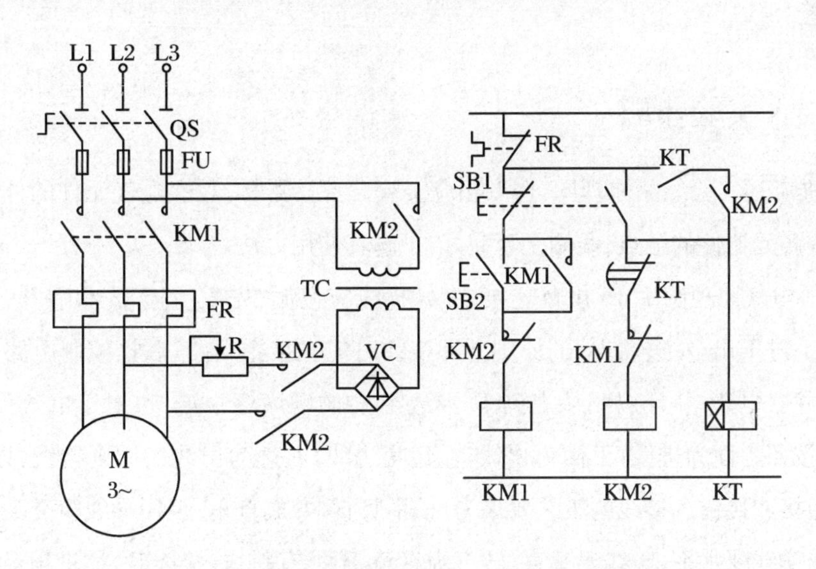

图1.15　时间继电器控制的单向能耗制动控制线路

2. 线路保护环节

上述线路的保护环节包括短路保护、过载保护、零压及欠压保护、互锁保护等。

(1) 短路保护

通过熔断器实现。当线路发生短路时熔断器的熔体熔断，切断电路，从而将电动机与电源切断。

(2) 过载保护

通过热继电器实现。当负载过大或电动机缺相运转时,热继电器动作,其常闭触点断开,从而切断控制线路中交流接触器线圈回路,使接触器线圈断电,其主触点复位,切断电动机主电路使其停车。

(3) 零压及欠压保护

通过接触器自锁触点实现。当电源电压消失或电源电压严重下降时,接触器触头因其铁芯的电磁吸力消失或减小而释放,使电动机断电。同时,接触器常开触点断开失去自锁作用。零压保护防止电源电压恢复时,电动机自行启动运转,造成人身或设备事故;欠压保护可有效防止电压严重下降时电动机在带载情况下的低压运行。

(4) 互锁保护

通过接触器的互锁触点实现。在上述线路中,KM1 和 KM2 这两个接触器的线圈不能同时得电吸合,因此可利用接触器常闭触点串联到对方线圈回路中,从而限制两个接触器线圈同时得电的情况。

1.7.4 实验步骤

① 根据上述实验线路原理图,选取相应实验设备及器材,观察电气元件的外部结构,用万用表检查各元器件的触点、线圈是否完好,了解其使用方法。

② 按照电气原理图 1.15 规范连接电路,接线应遵循"先主后控,先串后并;从上到下,从左到右;上进下出,左进右出"的原则。即接线时应先接主电路,后接控制电路,先接串联电路,后接并联电路;并且按照从上到下,从左到右的顺序逐根连接;对于电气元件的进出线,则必须按照上面为进线,下面为出线,左边为进线,右边为出线的原则接线,以免造成电气元件被短接或接错。接线的工艺要求为:横平竖直,弯成直角;少用导线少交叉,多线并拢一起走。即横线要水平,竖线要垂直,转弯为直角,不能有斜线;接线时,尽量用最少的导线,并避免导线交叉,如果一个方向有多条导线,要合并在一起,以免接成"蜘蛛网"。

③ 自查所接线路,经指导教师检查认可后,方可合闸通电实验。

④ 按照时间继电器控制的单向能耗制动控制线路工作原理,依次合上转换开关、按下启动按钮、按下制动按钮观察电动机的运转及制动情况;若电动机不能按照设计要求启动或制动,则记录故障现象并分析故障原因,直至排除故障。

⑤ 记录实验过程中出现的所有问题并分析其原因。

⑥ 完成实验报告和总结。

1.7.5　实验注意事项

① 应在断电的情况下进行接线操作，接线应按照工艺要求进行。

② 实验上电操作过程中严禁触碰元器件或导线。

③ 实验过程中若有故障出现，首先应切断电源，再分析故障原因。

④ 在时间继电器控制的单向能耗制动控制线路接线过程中，应注意整流电路的接法。

⑤ 在时间继电器控制的单向能耗制动控制线路接线过程中，应注意时间继电器的延时时间不能太长，以避免电动机过热。

1.7.6　思考题

① 试说明图 1.15 控制电路中时间继电器 KT 瞬时触点的作用。

② 通过实验观察，说明能耗制动的特点，并比较反接制动与能耗制动二者的优缺点。

③ 试设计一个按速度原则控制的单向能耗制动控制线路。

1.8　C650 型普通车床控制线路实验

1.8.1　实验目的

① 熟悉三相异步电动机、交流接触器、时间继电器、速度继电器、限位开关、热继电器、按钮等元器件的结构、工作原理、型号、使用方法及其在线路中的作用。

② 熟练掌握使用万用表检查三相异步电动机、交流接触器、时间继电器、速度继电器、限位开关、热继电器、按钮等电气元件及电路接线的方法。

③ 掌握 C650 型普通车床控制线路的工作原理和接线方法。

④ 掌握电气控制线路的调试及故障排除的方法。

1.8.2　实验设备及电气元件

① 三相笼型异步电动机 3 台。

② 三相转换开关1个。

③ 交流接触器5个。

④ 通电延时型时间继电器1个。

⑤ 中间继电器1个。

⑥ 控制变压器1台。

⑦ 速度继电器1个。

⑧ 限位开关1个。

⑨ 电阻器3个。

⑩ 控制按钮6个。

⑪ 开关1个。

⑫ 热继电器2个。

⑬ 熔断器4个。

⑭ 照明灯1个。

⑮ 电流互感器1台。

⑯ 电工常用工具1套。

⑰ 导线若干。

1.8.3 实验原理及线路

C650型卧式车床的电气控制原理图如图1.16所示。

1. 主电路

如图1.16所示，转换开关QS为电源开关。FU1为主电动机M1的短路保护用熔断器，FR1为其过载保护用热继电器。R为限流电阻，在主轴点动时，限制启动电流，在停车时，又起到限制过大的反向制动电流的作用。电流表PA用来监视M1的绕组电流，由于M1功率很大，故PA接入电流互感器TA回路。当主电动机启动时，电流表PA被短接，只有当正常工作时，电流表PA才指示绕组电流。机床工作时，可调整切削用量，使电流表的电流接近主电动机额定电流的对应值(经TA后减小了的电流量)，以便提高工作效率和充分利用电动机的潜力。KM1、KM2为正反转接触器，KM3是用于短接电阻R的接触器，由它们的主触点控制主电动机。KM4为控制冷却泵电动机M2的接触器，FR2为M2的过载保护用热继电器。KM5为控制快速移动电动机M3的接触器，由于M3点动短时运转，故不设置热继

电器。

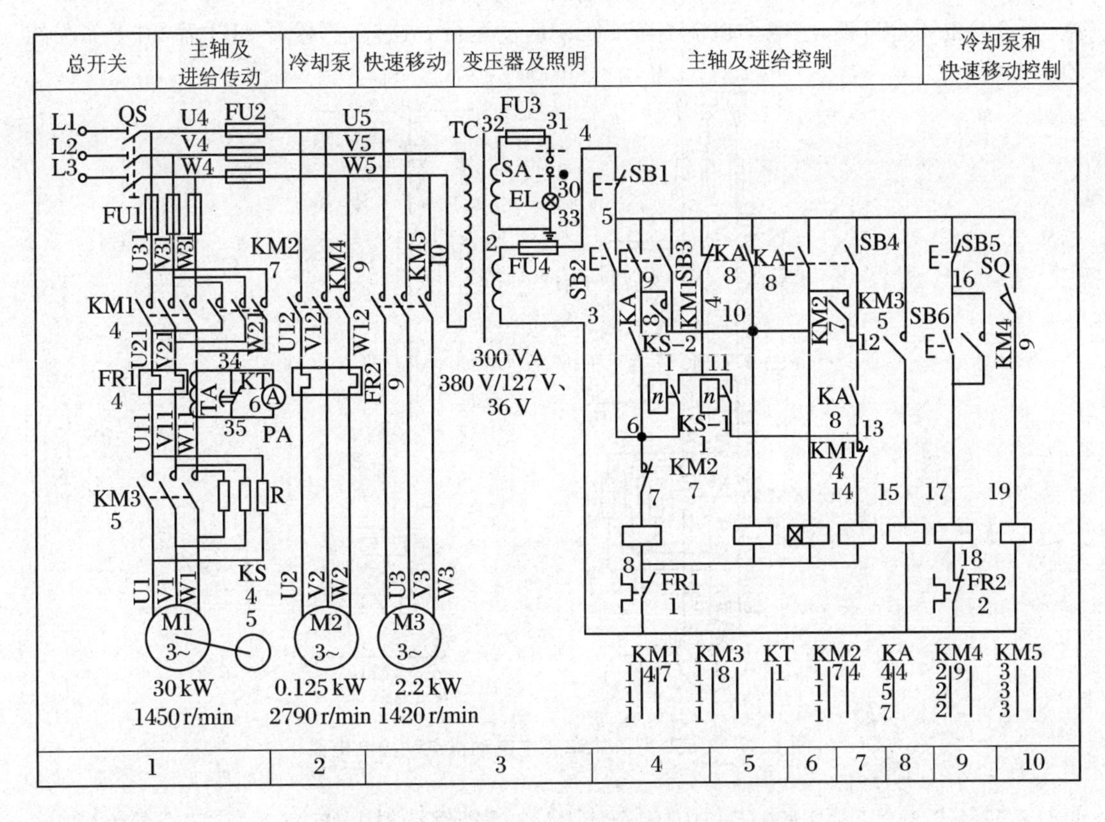

图 1.16　C650 型卧式车床的电气控制原理图

2. 控制电路

(1) 主轴电动机的点动控制

C650 型卧式车床主电动机点动控制电路如图 1.17 所示。当按下点动按钮 SB2 不松手时，接触器 KM1 线圈得电，KM1 主触点闭合，主轴电动机 M1 进行降压启动和低速运转（限流电阻 R 串联在电路中）。当松开 SB2，KM1 线圈随即断电，主轴电动机 M1 停转。

(2) 主轴电动机的正反转控制

主电动机 M1 的额定功率为 30 kW，但只是切削时消耗功率较大，启动时负载很小，启动电流并不是很大，所以在非频繁点动的一般工作时，采用全压直接启动。如图 1.18 所示，按下正向启动按钮 SB3，KM3 线圈得电，KM3 主触点闭合，短接限流电阻 R，另一对辅助常开触点 KM3（5～15，此号表示触点两端的线号，下同）闭合，KA 线圈得电，KA 常开触点（5～10）闭合，KM3 线圈自锁，同时 KA 线圈也保持通电。另一方面，当 SB3 尚未松开时，由于

KA的另一常开触点(9～6)已闭合,KM1线圈得电,KM1主触点闭合,KM1的辅助常开触点(9～10)也闭合自锁,主电动机M1全压正向启动运行。这样,当松开SB3后,由于KA的

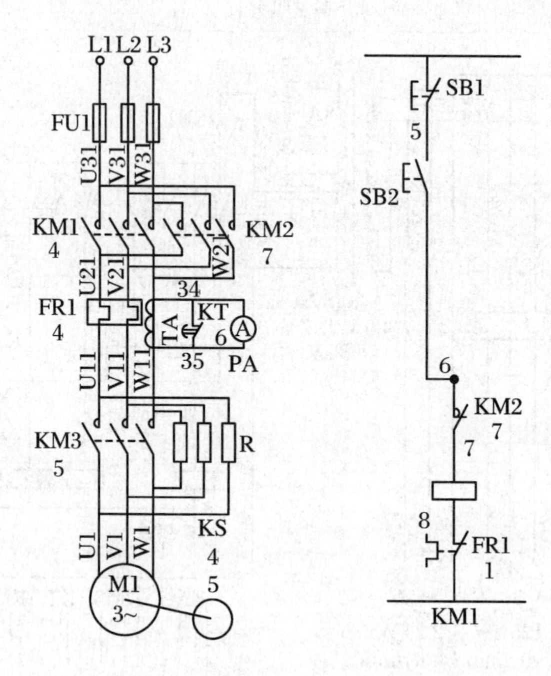

图1.17　C650型卧式车床主电动机点动控制电路

两对常开触点闭合,其中KA(5～10)闭合使KM3线圈继续得电,KA(9～6)闭合使KM1线圈继续得电,故可形成自锁通路。在KM3线圈得电的同时,通电延时时间继电器KT得电,其作用是使电流表避免受启动电流的冲击。反向启动过程与正向类似。

(3) 主轴电动机的反接制动控制

C650型车床采用反接制动方式,用速度继电器KS进行检测和控制。

假设原来主电动机M1正转运行如图1.18,则KS-1(11～13)闭合,而反向常开触点KS-2(6～11)依然断开。当按下停止按钮SB1(4～5)后,原来通电的KM1、KM3、KT和KA就随即断电,它们的所有触点均被释放而复位。然而当SB1松开后,反转接触器KM2立即得电,电流通路是:4(线号)→SB1常闭触点(4～5)→KA常闭触点(5～11)→KS正向常开触点KS-1(11～13)→KM1常闭触点(13～14)→KM2线圈(14～8)→FR1常闭触点(8～3)→3(线号)。

这样,主电动机M1就串联电阻R进行反接制动,正向速度n很快降下来,当速度降到很低时($n \leqslant 100$ r/min),KS的正向常开触点KS-1(11～13)断开复位,从而切断了上述电

流通路。至此，正向反接制动就结束了。反向反接制动过程同正向类似。

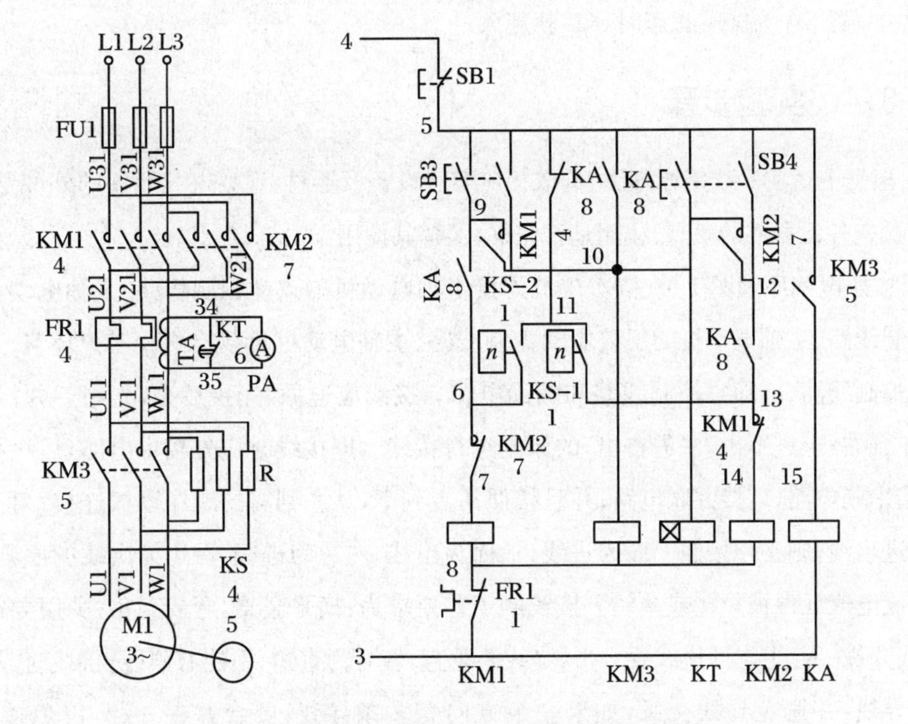

图 1.18　C650 型卧式车床主轴电动机正反转及反接制动控制电路

(4) 主轴电动机负载检测及保护环节

C650 型车床采用电流表检测主轴电动机定子电流。为防止启动电流的冲击，将时间继电器 KT 的通电延时断开动断触点连接在电流表的两端，为此，KT 延时应稍长于启动时间。而当制动停车时，按下停止按钮 SB1，KM3、KA、KT 线圈相继断电释放，KT 的触点立即复位，将电流表短接，使其免受反接制动电流的冲击。

(5) 刀架快速移动控制

如图 1.16 中，转动刀架手柄，限位开关 SQ(5～19)被压动而闭合，使接触器 KM5 线圈得电，快速移动电动机 M3 就启动运转，而当刀架手柄复位时，M3 随即停转。

(6) 冷却泵控制

如图 1.16 中，按下按钮 SB6(16～17)，接触器 KM4 线圈得电自锁，KM4 主触点闭合，冷却泵电动机 M2 启动运转；按下 SB5(5～16)，接触器 KM4 线圈断电，M2 停转。

3. 辅助电路(照明电路和控制电源)

如图 1.16 中 TC 为控制变压器，二次侧有两路，一路为 127 V，提供给控制电路；另一路

为36 V(安全电压),提供给照明电路。置灯开关SA(30～31)为“通”状态时,照明灯EL(30～33)点亮;置SA为“断”状态时,EL就熄灭。

1.8.4 实验步骤

① 根据上述实验线路原理图,选取相应实验设备及器材,观察电气元件的外部结构,用万用表检查各元器件的触点、线圈是否完好,了解其使用方法。

② 按照电气原理图1.16依次规范连接主轴电动机的点动控制线路、主轴电动机的正反转控制线路、主轴电动机的反接制动控制线路、主轴电动机负载检测及保护环节、刀架快速移动控制线路、冷却泵控制线路和辅助电路。接线应遵循“先主后控,先串后并;从上到下,从左到右;上进下出,左进右出”的原则进行接线。即接线时应先接主电路,后接控制电路,先接串联电路,后接并联电路;并且按照从上到下,从左到右的顺序逐根连接;对于电气元件的进出线,则必须按照上面为进线,下面为出线,左边为进线,右边为出线的原则接线,以免造成电气元件被短接或接错。接线的工艺要求为:横平竖直,弯成直角;少用导线少交叉,多线并拢一起走。即横线要水平,竖线要垂直,转弯为直角,不能有斜线;接线时,尽量用最少的导线,并避免导线交叉,如果一个方向有多条导线,要合并在一起,以免接成“蜘蛛网”。

③ 自查所接线路,经指导教师检查认可后,方可合闸通电实验。

④ 按照C650型卧式车床控制线路工作原理,依次完成主轴电动机的点动控制操作、主轴电动机的正反转控制操作、主轴电动机的反接制动控制操作、刀架快速移动控制操作、冷却泵控制操作,并在上述操作过程中观察各电动机的运转情况。若电动机不能按照设计要求运转,则记录故障现象并分析故障原因,直至排除故障。

⑤ 记录实验过程中出现的所有问题并分析其原因。

⑥ 完成实验报告和总结。

1.8.5 实验注意事项

① 应在断电的情况下进行接线操作,接线应按照工艺要求进行。

② 实验上电操作过程中严禁触碰元器件或导线。

③ 实验过程中若有故障出现,首先应切断电源,再分析故障原因。

④ 在上电操作前,需将各个电气元件操作手柄置于零位,以避免在电路接通时产生误

动作而发生危险。

⑤ 在主轴电动机的反接制动控制线路接线时，注意速度继电器的触点动作应符合电动机的旋转方向。

1.8.6 思考题

① 试说明图1.16中中间继电器KA的作用。

② 在主轴电动机反接制动控制线路中，若电动机停车后又出现瞬时反转一下，应如何进行调整?

③ 分析图1.16中主电路电流表并联KT延时动断触点的作用。

第2篇　PLC编程工具

2.1　FX－20P－E型手持式编程器的使用

FX－20P－E型手持式编程器(简称HPP)通过编程电缆可与三菱FX系列PLC相连，用来给PLC写入、读出、插入和删除程序，以及监视PLC的工作状态等。

2.1.1　FX－20P－E型手持式编程器的组成与面板布置

图2.1为FX－20P－E型手持式编程器，这是一种智能简易型编程器，既可联机(Online)编程又可脱机(Offline)编程。

1. FX－20P－E型手持式编程器的组成

FX－20P－E型手持式编程器主要包括以下几个部件：

① FX－20P－E型编程器。

② FX－20P－CAB0型电缆，用于对三菱的FX0以上系列PLC编程。

③ FX－20P－RWM型ROM写入器模块。

④ FX－20P－ADP型电源适配器。

⑤ FX－20P－CAB型电缆，用于对三菱的其他FX系列PLC编程。

⑥ FX－20P－FKIT型接口，用于对三菱的F1、F2系列PLC编程。

其中编程器与电缆是必须的，其他部分是选配件。编程器右侧面的上方有一个插座，将FX－20P－CAB0电缆的一端插入该插座内(见图2.1)，电缆的另一端插到FX系列PLC的RS－422编程器插座内。

FX－20P－E型编程器的顶部有一个插座，可以连接FX－20P－RWM型ROM写入

器。编程器底部插有系统程序存储器卡盒，只要更换系统程序存储器即可将编程器的系统程序更新。

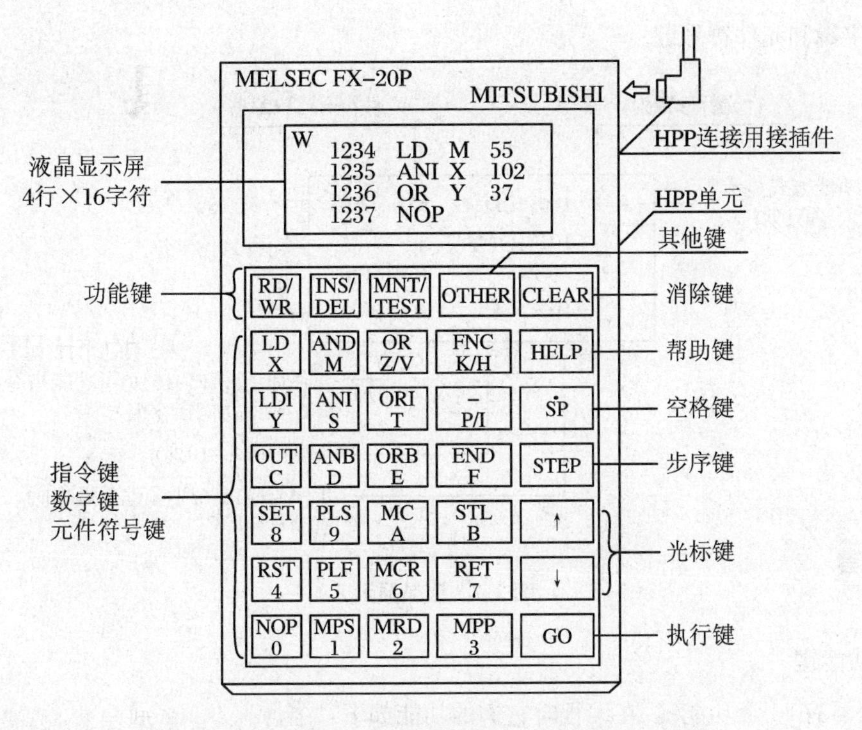

图 2.1　FX-20P-E 型手持式编程器面板布置示意图

在 FX-20P-E 型编程器与 PLC 不相连的情况下(脱机或离线方式)，需要用编程器编制用户程序时，可以使用 FX-20P-ADP 型电源适配器对编程器供电。

FX-20P-E 型编程器内附有 8 K 容量的 RAM，在脱机方式时用来保存用户程序。编程器内附有高性能的电容器，通电一小时后，在该电容器的支持下，RAM 内的信息可以保留 3 天。

2. FX-20P-E 型手持式编程器的面板布置

FX-20P-E 型手持编程器的面板布置如图 2.1 所示，主要由液晶显示屏和键盘组成。

(1) 液晶显示屏

液晶显示屏只能同时显示 4 行，每行 16 个字符，在编程操作时，显示屏上显示的内容如图 2.2 所示。液晶显示屏左上角的黑三角提示符是功能方式说明，主要有以下几种：R(Read)——读出；W(Write)——写入；I(Insert)——插入；D(Delete)——删除；M(Monitor)——监视；T(Test)——测试。

(2) 键盘区

键盘由35个按键组成,最上面一行和最右边一列为11个功能键,其余的24个键为指令键、数字键和元件符号键。

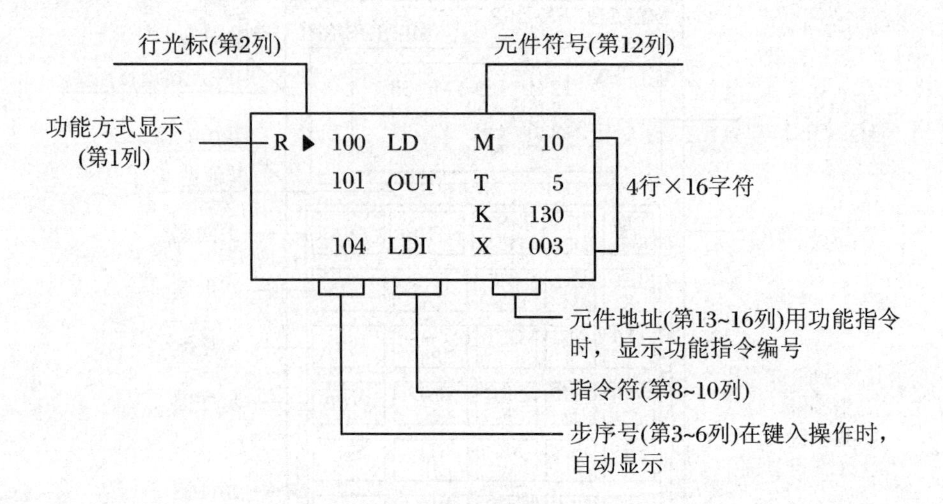

图 2.2 液晶显示区

1) 功能键

编程器有11个功能键,在编程时它们的功能如下:

① RD/WR键:读出/写入键。是双功能键,按第一下选择读出方式,在液晶显示屏的左上角显示的是"R";按第二下选择写入方式,在液晶显示屏的左上角显示的是"W";按第三下又回到读出方式。

② INS/DEL键:插入/删除键。是双功能键,按第一下选择插入方式,在液晶显示屏的左上角显示的是"I";按第二下选择删除方式,在液晶显示屏的左上角显示的是"D";按第三下又回到插入方式。

③ MNT/TEST键:监视/测试键。也是双功能键,按第一下选择监视方式,在液晶显示屏的左上角显示的是"M";按第二下选择测试方式,在液晶显示屏的左上角显示的是"T";按第三下又回到监视方式。

使用上述3个键,编程器当时的工作状态显示在液晶显示屏的左上角。

④ OTHER键:其他键。无论什么时候按下它,立即进入菜单选择方式。

⑤ CLEAR键:清除键。在未按GO键之前,按下CLEAR键,刚刚键入的操作码或操

作数被清除。另外，该键还用来清除屏幕上的错误内容或恢复原来的画面。

⑥ HELP键：帮助键。按下FNC键后按HELP键，屏幕上显示应用指令的分类菜单，再按下相应的数字键，就会显示出该类指令的全部指令名称。在监视方式下按HELP键，可用于使字编程元件内的数据在十进制和十六进制数之间进行切换。

⑦ SP键：空格键。输入多参数的指令时，用来指定操作数或常数。在监视工作方式下，若要监视位编程元件，先按下SP键，再送该编程元件和元件号。

⑧ STEP键：步序键。如果需要显示某步的指令，先按下STEP键，再送步序号。

⑨ ↑、↓键：光标键。用此键移动光标和提示符，指定当前软元件的前一个或后一个元件，作上、下移动。

⑩ GO键：执行键。用于对指令的确认和执行命令。在键入某指令后，再按GO键，编程器就将该指令写入PLC的用户程序存储器，该键还可用来选择工作方式。

2）指令键、元件符号键和数字键

它们都是双功能键，键的上面是指令助记符，键的下部分是数字或软元件符号。上、下部的功能是根据当前所执行的操作自动进行切换，其中下部的元件符号Z/V、K/H和P/I交替起作用。

2.1.2　FX-20P-E型手持编程器工作方式选择

FX-20P-E型编程器具有在线（Online，或称联机）编程和离线（Offline，或称脱机）编程两种工作方式。在线编程时编程器与PLC直接相连，编程器直接对PLC的用户程序存储器进行读写操作。若PLC内装有EEPROM（Electrically Erasable Programmable Read-Only Memory，电可擦可编程只读存储器）卡盒，则程序写入该卡盒，若没有EEPROM卡盒，则程序写入PLC内的RAM中。在离线编程时，编制的程序首先写入编程器内的RAM中，以后再成批的传送至PLC的存储器。

FX-20P-E型编程器上电后，其液晶屏幕上显示的内容如图2.3所示。

其中闪烁的符号"■"指明编程器所处的工作方式。用↑或↓键将"■"移动到选中的方式上，然后按GO键，就进入所选定的编程方式。

在联机方式下，用户可用编程器直接对PLC的用户程序存储器进行读/写操作，在执行

写操作时,若PLC内没有安装EEPROM卡盒,则程序写入PLC的RAM内;反之则写入EEPROM中。此时,EEPROM的写保护开关必须处于“OFF”位置。只有用FX－20P－RWM型ROM写入器才能将用户程序写入EEPROM。

若按下OTHER键,则进入工作方式选定的操作。此时,FX-20P-E型手持编程器的液晶屏幕显示的内容如图2.4所示。

PROGRAM MODE ■ONLINE(PC) OFFLINE(HPP)

图2.3 在线、离线工作方式选择

ONLINE MODE FX ■1. OFFLINE MODE 2. PROGRAM CHECK 3. DATA TRANSFER

图2.4 工作方式选定

闪烁的符号“■”表示编程器所选的工作方式,按↑或↓键将“■”上移或下移到所需的位置,再按GO键,就进入了选定的工作方式。在联机编程方式下,可供选择的工作方式共有七种,它们分别是:

① OFFLINE MODE:进入脱机编程方式。

② PROGRAM CHECK:程序检查,若没有错误,显示“NO ERROR”(没有错误);若有错误,则显示出错误指令的步序号及出错代码。

③ DATA TRANSFER:数据传送,若PLC内安装有存储器卡盒,在PLC的RAM和外装的存储器之间进行程序和参数的传送。反之则显示“NO MEM CASSETTE”(没有存储器卡盒),不进行传送。

④ PARAMETER:对PLC的用户程序存储器容量进行设置,还可以对各种具有断电保持功能的编程元件的范围以及文件寄存器的数量进行设置。

⑤ XYM..NO.CONV.:修改X、Y、M的元件号。

⑥ BUZZER LEVEL:蜂鸣器的音量调节。

⑦ LATCH CLEAR:复位有断电保持功能的编程元件。

文件寄存器的复位与它使用的存储器类别有关,只能对RAM和写保护开关处于“OFF”位置的EEPROM中的文件寄存器复位。

2.1.3 FX-20P-E 型手持编程器指令操作

1. 用户程序存储器初始化

在写入程序之前，一般需要将存储器中原有的内容全部清除，先按RD/WR键，使编程器处于 W(写)工作方式，接着按以下顺序按键：

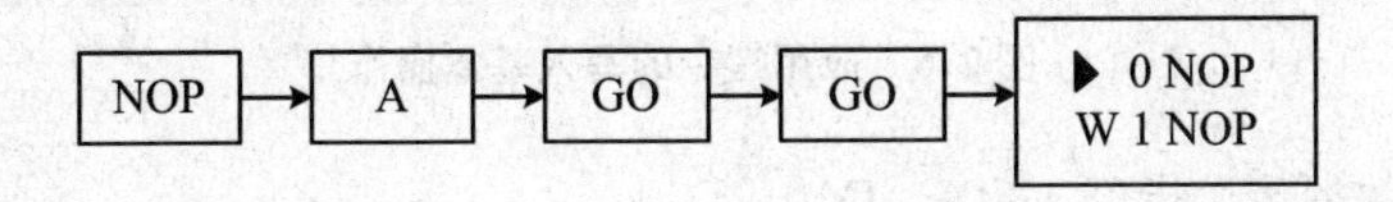

2. 指令的写入

按RD/WR键，使编程器处于 W(写)工作方式，然后根据该指令所在的步序号，按STEP键后键入相应的步序号，接着按GO键，使“▶”移动到指定的步序号时，可以开始写入指令。如果需要修改刚写入的指令，在未按GO键之前，按下CLEAR键，刚键入的操作码或操作数被清除。若按了GO键之后，可按↑键，回到刚写入的指令，再作修改。

(1) 基本逻辑指令的写入

写入指令 LD X011 时，先使编程器处于 W(写)工作方式，将光标“▶”移动到指定的步序号位置，然后按以下顺序按键：

写入 LDP、ANP、ORP 指令时，在按对应指令键后还要按P/I键；写入 LDF、ANF、ORF 指令时，在按对应指令键后还要按F键；写入 INV 指令时，可以按NOP、P/I和GO键。

(2) 应用指令的写入

基本操作如图 2.5 所示，按RD/WR键，使编程器处于 W(写)工作方式，将光标“▶”移动到指定的步序号位置，然后按FNC键，接着按该应用指令的指令代码对应的数字键，然后按SP键，再按相应的操作数。如果操作数不止一个，每次键入操作数之前，先按一下SP键，键入所有的操作数后，再按GO键，该指令就被写入 PLC 的存储器内。如果操作数为双字，

按FNC键后，再按D键；如果是脉冲上升沿执行方式，在键入编程代码的数字键后，接着再按P键。

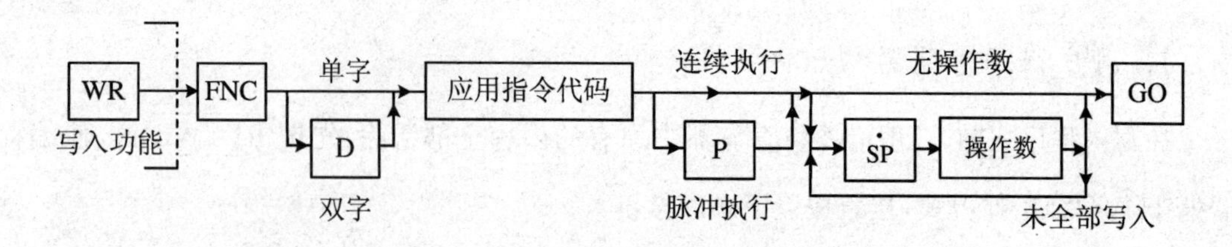

图 2.5 应用指令的写入基本操作

例如：写入数据传送指令 MOV D10 D14。

MOV 指令的应用指令编号为 12，写入的操作步骤如下：

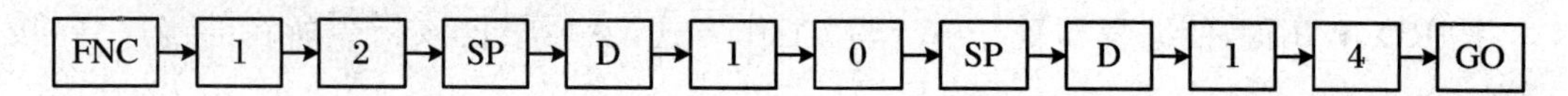

例如：写入数据传送指令 (D)MOV(P)D10 D14。

操作步骤如下：

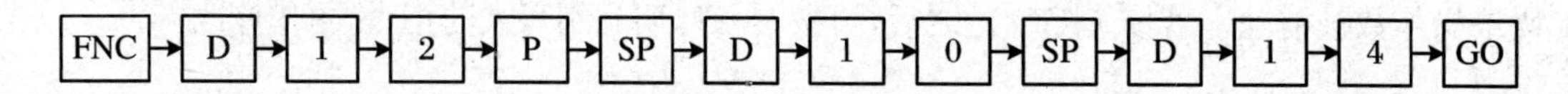

(3) 指针的写入

写入指针的基本操作如图 2.6 所示。如写入中断用的指针，应连续按两次P/I键。

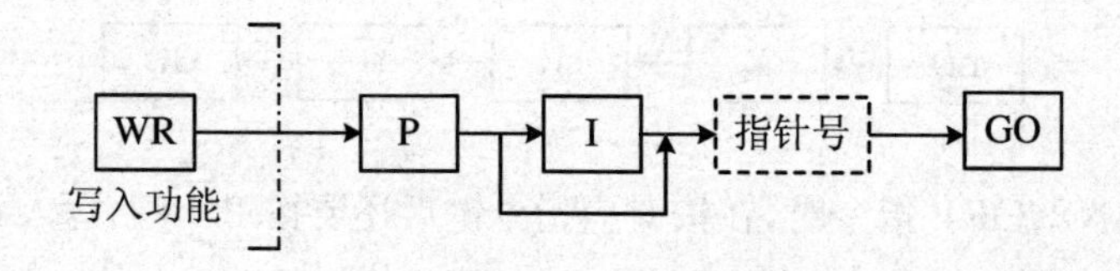

图 2.6 指针写入的基本操作

3. 指令的读出

从 PLC 的内存中读出程序，可以根据步序号、指令、元件及指针等几种方式读出。在联机方式时，PLC 在运行状态时要读出指令，只能根据步序号读出；若 PLC 为停止状态时，还可以根据指令、元件及指针读出。在脱机方式中，无论 PLC 处于何种状态，4 种读出方式均可。

(1) 根据步序号读出

先按RD/WR键,使编程器处于R(读)工作方式,如果要读出步序号为100的指令,按下图2.7的顺序操作,该指令就显示在屏幕上。

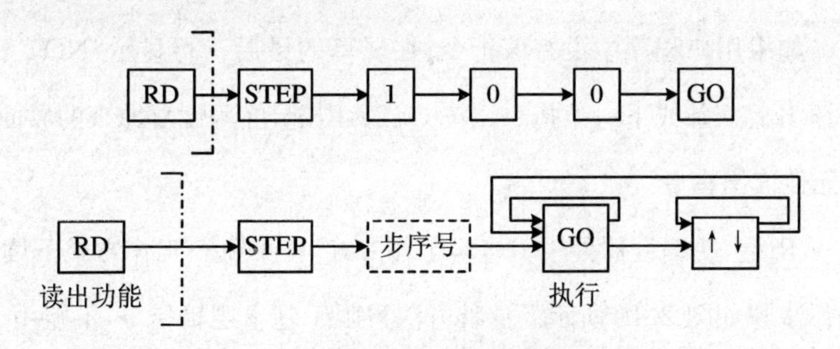

图2.7　根据步序号读出的基本操作

若还需要显示该指令之前或之后的其他指令,可以按↑、↓或GO键。按↑、↓键可以显示上一条或下一条指令。按GO键可以显示下面4条指令。

(2) 根据指令读出

先按RD/WR键,使编程器处于R(读)工作方式,然后根据图2.8或图2.9所示的操作步骤依次按相应的键,该指令就显示在屏幕上。

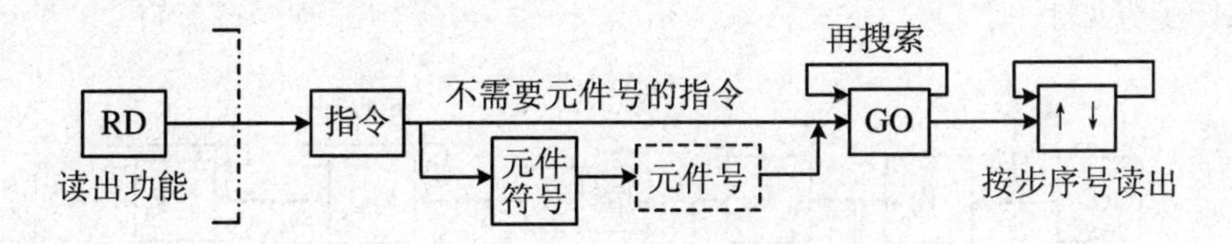

图2.8　根据指令读出的基本操作

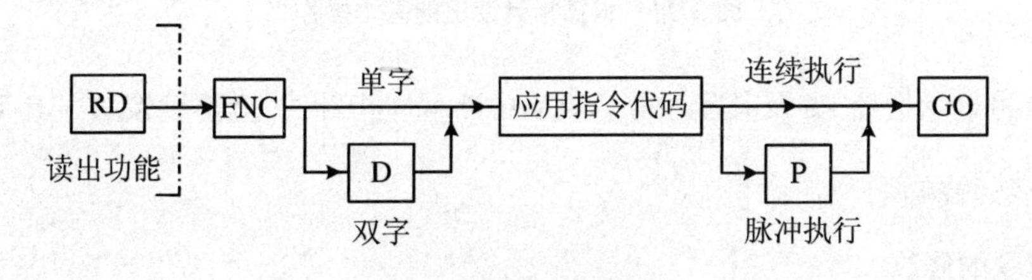

图2.9　应用指令的读出

例如:指定指令LD X0,从PLC中读出该指令。操作步骤如下:

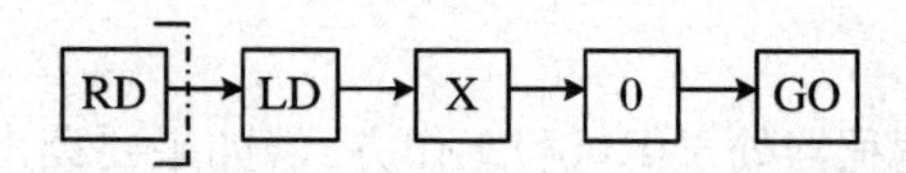

按GO键后屏幕上显示出指定的指令和步序号。再按GO键,屏幕上显示下一条相同指令及步序号。如果用户程序中没有该指令,在屏幕的最后一行显示“NOT FOUND”。按↑或↓键可读出上一条或下一条指令。按CLEAR键,屏幕恢复原来的界面。

(3) 根据元件读出指令

先按RD/WR键,使编程器处于R(读)工作方式,在R(读)工作方式下读出含有Y1的指令的基本操作步骤如图2.10所示。这种方法只限于基本逻辑指令,不能用于应用指令。

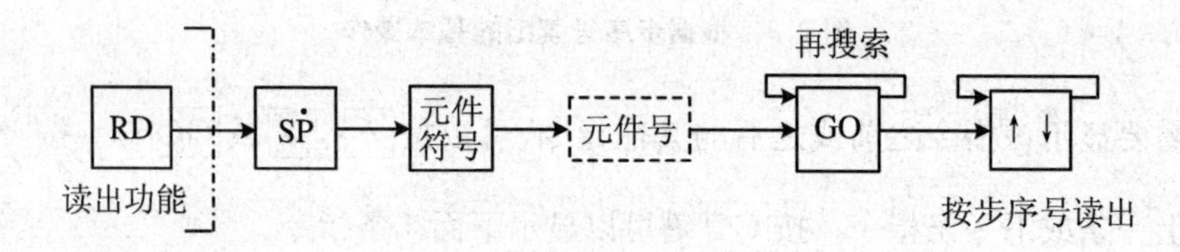

图2.10 根据元件读出的基本操作

(3) 根据指针查找其所在的步序号

根据指针查找其所在的步序号基本操作如图2.11所示,在R(读)工作方式下读出8号指针的操作步骤如下:

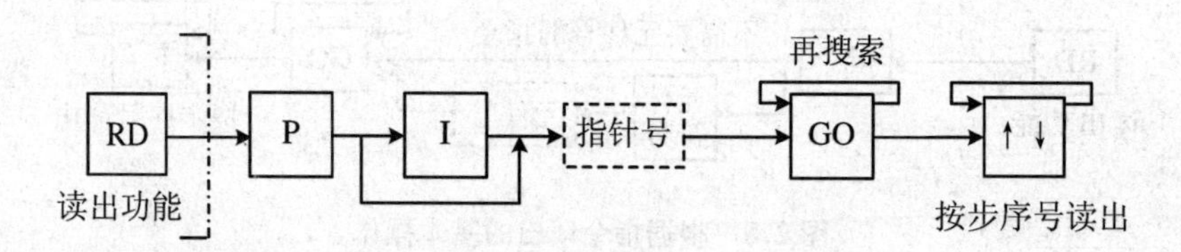

图2.11 根据指针读出的基本操作

屏幕上将显示指针P8及其步序号。读出中断程序指针时,应连续按两次P/I键。

4. 指令的编辑

(1) 指令的修改

例如:将其步序号为105原有指令OUT T2 K100改写为OUT T2 K30。

根据步序号读出原指令后,按RD/WR键,使编程器处于W(写)工作方式,然后按下列操作步骤按键:

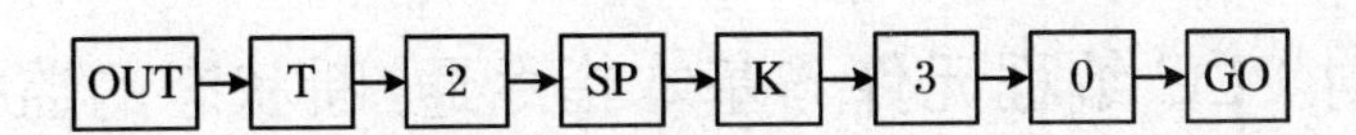

如果要修改应用指令中的操作数，读出该指令后，将光标“▶”移到欲修改的操作数所在的行，然后修改该行的参数。

(2) 指令的插入

如果需要在某条指令之前插入一条指令，按照前述指令读出的方式，先将某条指令显示在屏幕上，使光标“▶”指向该指令。然后按 INS/DEL 键，使编程器处于 I(插入)工作方式，再按照指令写入的方法，将该指令写入，按 GO 键后，写入的指令插在原指令之前，后面的指令依次向后推移。

例如：要在 150 步之前插入指令 AND M3，在 I(插入)工作方式下首先读出 150 步的指令，然后使光标“▶”指向 150 步按以下顺序按键：

INS → AND → M → 3 → GO

(3) 指令的删除

1）逐条指令的删除

如果需要将某条指令或某个指针删除，按照指令读出的方法，先将该指令或指针显示在屏幕上，令光标“▶”指向该指令。然后按 INS/DEL 键，使编程器处于 D(删除)工作方式，再按 GO 键，该指令或指针即被删除。

2）NOP 指令的成批删除

按 INS/DEL 键，使编程器处于 D(删除)工作方式，依次按 NOP 键和 GO 键，执行完毕后，用户程序中间的 NOP 指令被全部删除。

3）指定范围内的指令删除

按 INS/DEL 键，使编程器处于 D(删除)工作方式，接着按下列操作步骤依次按相应的键，该范围内的程序就被删除：

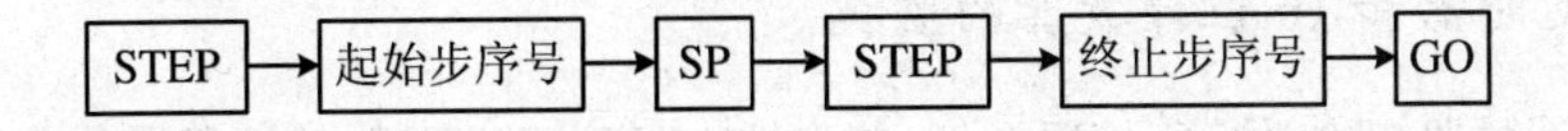

2.1.4 对PLC编程元件与基本指令通/断状态的监视

监视功能是通过编程器对各个位编程元件的状态和各个字编程元件内的数据监视和测试，监视功能可测试和确认联机方式下PLC编程元件的动作和控制状态，它包括元件的监视、通/断检查和动作状态的监视等内容。

1. 对位元件的监视

基本操作如图2.12所示，FX_{2N}、FX_{2NC}有多个变址寄存器Z0～Z7和V0～V7，应送变址寄存器的元件号。以监视辅助继电器M135的状态为例，先按[MNT/TEST]键，使编程器处于M(监视)工作方式，然后按下列的操作步骤按键：

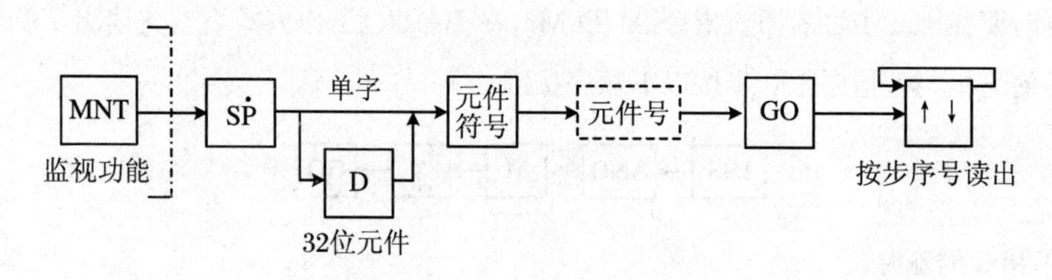

图2.12 元件监视的基本操作

屏幕上就会显示出M135的状态，如图2.13所示。如果在编程元件左侧有字符"■"，表示该编程元件处于"ON"状态；如果没有字符"■"，表示它处于"OFF"状态，最多可监视8个元件。按[↑]或[↓]键，可以监视前面或后面的元件状态。

M	■M	135	Y	10
	S1	1	■X	3
	X	4	S	5
	▶X	6	X	7

图2.13 位编程元件的监视

2. 对定时器和16位计数器的监视

以监视计数器C99的运行情况为例，首先按[MNT/TEST]键，使编程器处于M(监视)工作方式，按图2.14操作步骤按键。

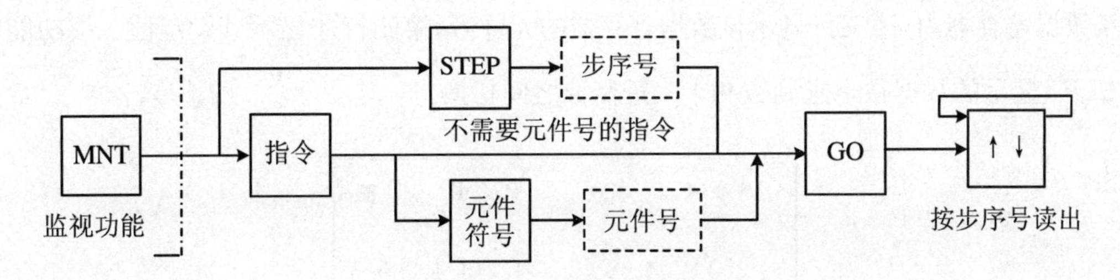

图 2.14　16 位计数器监视的操作

屏幕上显示的内容如图 2.15 所示。图中显示的数据 K20 是 C99 的当前计数值，第 4 行末尾显示的数据 K100 是 C99 的设定值。第 4 行中的字母 P 表示 C99 输出触点的状态，当其右侧显示“■”时，表示其常开触点闭合；反之则表示常开触点断开。第 4 行的 R 字母表示 C99 复位电路的状态，当其右侧显示“■”时，表示其复位电路闭合，复位位为“ON”状态；反之则表示其复位电路断开，复位位为“OFF”状态。非积算定时器没有复位输入，图 2.15 中 T100 的“R”未用。

M	T	100	K	100
	P	R	K	250
	▶C	99	K	20
	P	■R	K	100

图 2.15　定时器计数器的监视

3. 对 32 位计数器的监视

以监视 32 位计数器 C201 的运行情况为例，首先按 MNT/TEST 键，使编程器处于 M（监视）工作方式，按图 2.16 操作步骤按键。

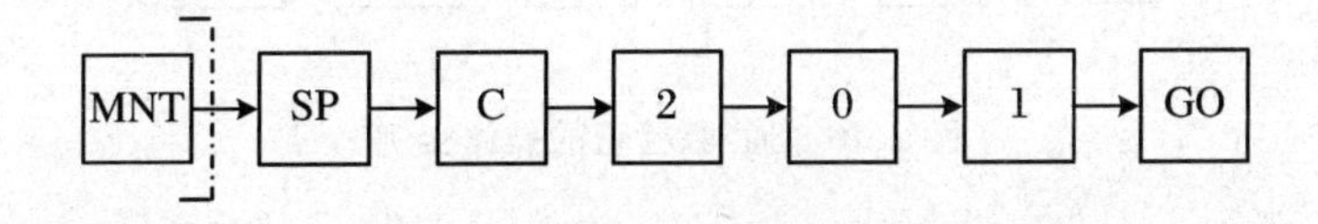

图 2.16　32 位计数器监视的操作

屏幕上显示的内容如图 2.17 所示。P 和 R 的含义与图 2.15 相同，U 的右侧显示“■”时，表示其计数方式为递增，反之为递减计数方式。第二行显示的数据为当前计数值，第三行和第四行显示设定值，如果设定值为常数，直接显示在屏幕的第三行上；如果设定值存放

在某数据寄存器内，第三行显示该数据寄存器的元件号，第四行才显示其设定值。按功能键 HELP ，显示的数据在十进制数和十六进制数之间切换。

```
M ▶ C   200    P  R  U■

        K      1 2 3 4 5 6 8

        K      2 3 4 5 6 7 8
```

图 2.17 32位计数器的监视

除此之外，编程工具还可以监视16位和32位字元件(D、Z、V)内的数据，在此不再赘述。

4. 通/断检查

在监视状态下，根据步序号或指令读出程序，可监视指令中元件触点通/断及线圈动作状态。其基本操作如图2.18所示。

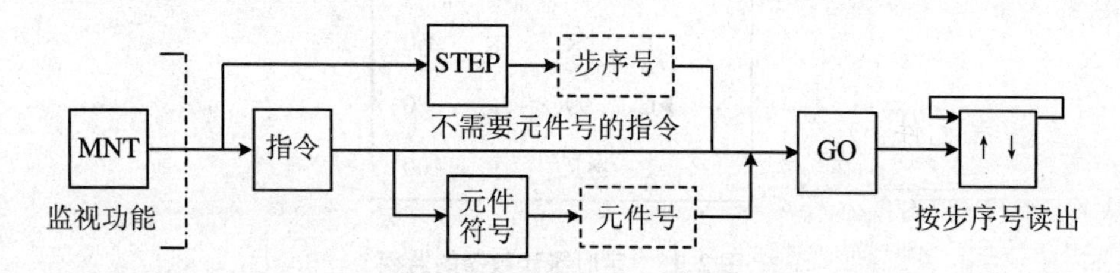

图 2.18 通/断检查的基本操作

例如，读出第128步，在M(监视)工作方式下，作通/断检查。按图2.19操作步骤按键。

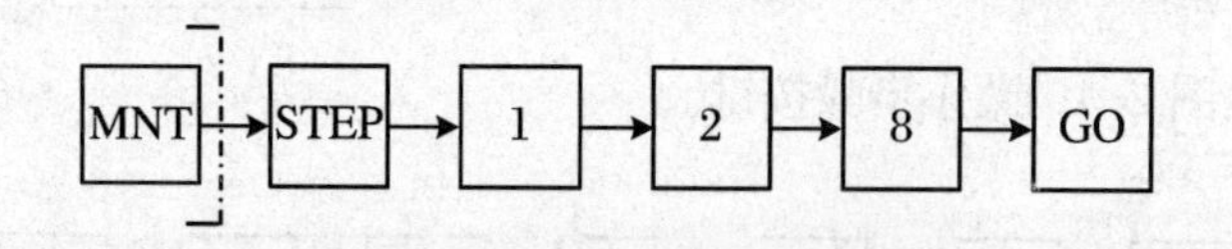

图 2.19 通/断检查的操作实例

屏幕上显示的内容如图2.20所示，读出以指定步序号为首的4行指令，根据各行是否显示“■”，可以判断触点和线圈的状态。若元件符号左侧显示“■”，表示该行指令对应的触点接通，对应的线圈“通电”；若元件符号左侧显示空格，表示该行指令对应的触点断开，对应的线圈“断电”。但是对于定时器和计数器来说，若OUT T或OUT C指令所在的行显示

“■”，仅表示定时器或计数器分别处于定时或计数工作状态，其线圈“通电”，并不表示其输出常开触点接通。

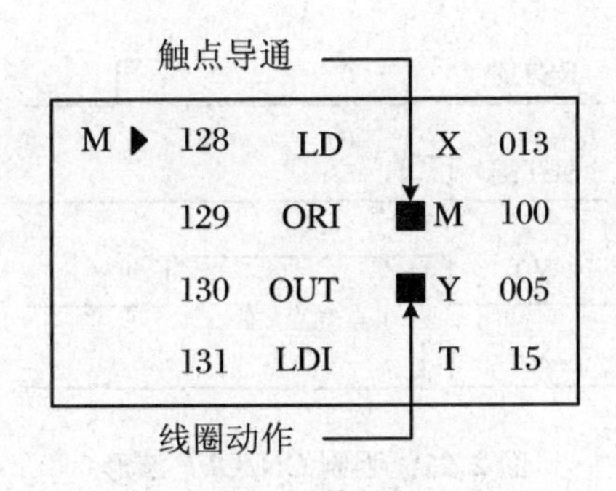

图2.20　通/断检查

2.1.5　对编程元件的测试

测试功能是由编程器对PLC位元件的触点和线圈进行强制复位和置位，以及常数的修改。它包括强制置位、复位和修改T、C、D、V、Z的当前值或T、C的设定值，文件寄存器写入的内容等。

1. 位编程元件强制置位或复位

先按[MNT/TEST]键，使编程器处于M(监视)工作方式，然后按照监视位编程元件的操作步骤，显示出需要强制置位或复位的那个编程元件，接着再按[MNT/TEST]键，使编程器处于T(测试)工作方式，确认“▶”指向需要强制置位或强制复位的编程元件以后，按一下[SET]键，即强制该位编程元件为置位；按一下[RST]键，即强制该编程元件为复位。

强制置位或复位的时间与PLC的运行状态有关，也与位编程元件的类型有关。一般来说，当PLC处于“STOP”状态时，按一下[SET]键，除了输入继电器X接通的时间仅一个扫描周期以外，其他位编程元件的“ON”状态一直持续到按下[RST]键为止，其波形示意图如图2.21所示(注意，每次只能对“▶”所指的那一个编程元件执行强制置位或复位)。

但是，当PLC处于“RUN”状态时，除了输入继电器X的执行情况与在“STOP”状态时的一样以外，其他位编程元件的执行情况还与梯形图的逻辑运算结果有关。假设扫描用户程序的结果使输出继电器Y0为“ON”，按[RST]键只能使用Y0为“OFF”的时间维持一个扫

描周期;反之,假设扫描用户程序的结果使输出继电器Y0为"OFF",按SET键只能使Y0为"ON"的时间维持一个扫描周期。

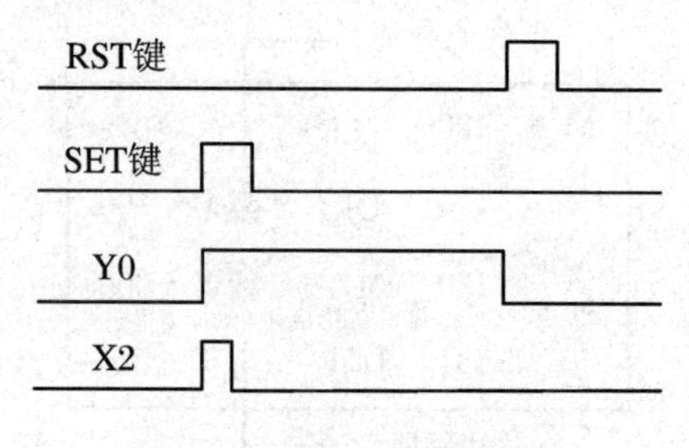

图2.21 强制ON/OFF波形

2. 修改T、C设定值

先按MNT/TEST键,使编程元件处于M(监视)工作方式,然后按照前述监视定时器和计数器的操作步骤,显示出待监视的定时器和计数器指令后,再按MNT/TEST键,使编程器处于T(测试)工作方式,修改T、C设定值的基本操作如图2.22所示。

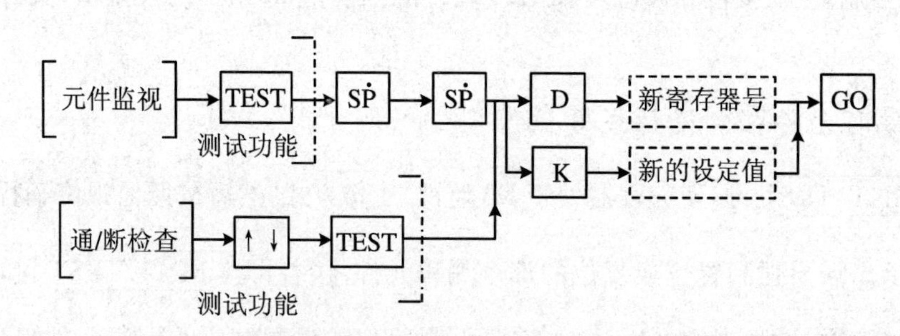

图2.22 修改定时器、计数器设定值的基本操作

例如,将定时器T4的设定值修改为K45的操作为:

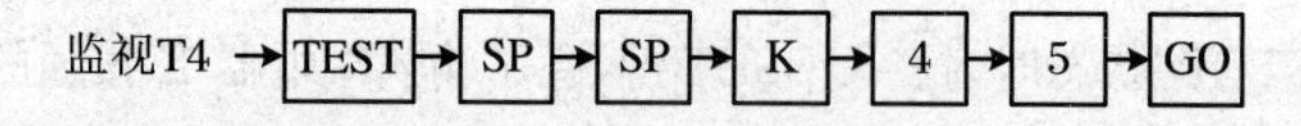

第一次按SP键后,提示符"▶"出现在当前值前面,这时可以修改其当前值;第二次按SP键后,提示符"▶"出现在设定值前面,这时可以修改其设定值;键入新的设定值后按GO键,设定值修改完毕。

将T10存放设定值的数据寄存器的元件号修改为D20的键操作如下:

监视T10 → TEST → SP → SP → D → 2 → 0 → GO

另一种修改方法是先对OUT T10(以修改T10的设定值为例)指令作通/断检查,然后按功能键 ↓ 使"▶"指向设定值所在行,再按 MNT/TEST 键,使编程器处于T(测试)工作方式,键入新的设定值后按 GO 键,便完成了设定值的修改。

将106步的OUT T5指令的设定值修改为K40的键操作如下:

监视106步的指令 → ↓ → TEST → K → 4 → 0 → GO

2.2　GX Developer编程软件的使用

GX Developer是三菱公司设计的在Windows环境下使用的PLC编程软件。三菱PLC编程软件有好几个版本,这里介绍的GX Developer 8.52版本,适用于三菱A系列、Q系列、QnA系列及FX系列的所有PLC,软件界面友好、功能强大、使用方便。编程软件可以编写梯形图程序和状态转移图程序(全系列),它支持在线和离线编程功能,并具有软元件注释、声明、注解及测试等功能,它还可以直接设定CC-link及其他三菱网络的参数,能方便地实现监控,故障诊断,程序的传送及程序的复制、删除和打印。此外,该软件具有突出的运行写入功能,不需要频繁操作STOP/RUN开关,方便程序调试。

2.2.1　编程软件的安装

GX Developer编程软件主要包括编程软件和仿真软件两部分,在安装这两部分之前都需要安装它们的通用环境。

1. 通用环境的安装

打开GX Developer 8.52的中文安装包,进入EnvMEL文件夹,双击文件夹中的SETUP图标进行安装,按照弹出的对话框进行操作,直至安装结束。

2. 编程软件的安装

安装完通用环境后返回安装包,双击该目录下的SETUP图标,进行GX Developer编

程软件的安装。在安装过程中,根据提示输入各种注册信息和产品序列号后,会出现“选择部件”的界面,在该界面中需要选中“监视专用 GX Developer”复选框。

3. 仿真软件的安装

GX Simulator 是三菱 PLC 的仿真软件,在安装有 GX Developer 的计算机上追加安装 GX Simulator 软件,就能实现程序的离线仿真及 PLC 的程序调试,仿真软件不能脱离 GX Developer 软件独立使用。使用时,把用 GX Developer 软件编写的程序写入到 GX Simulator 内,即可实现通过 GX Simulator 软件来仿真调试程序。

安装时,打开 GX Simulator 文件夹,双击该文件夹中的 STEUP 图标,即可进行仿真软件的安装。

2.2.2 梯形图的编程

1. 进入或退出编程环境

在计算机上安装好 GX Developer 编程软件后,执行“开始”→“程序”→“MELSOFT”应用程序→“GX Developer”命令,即进入编程环境,如图 2.23 所示。若要退出编程环境则执行“工程”→“退出程序”命令,或者直接按“关闭”按钮即可退出编程环境。

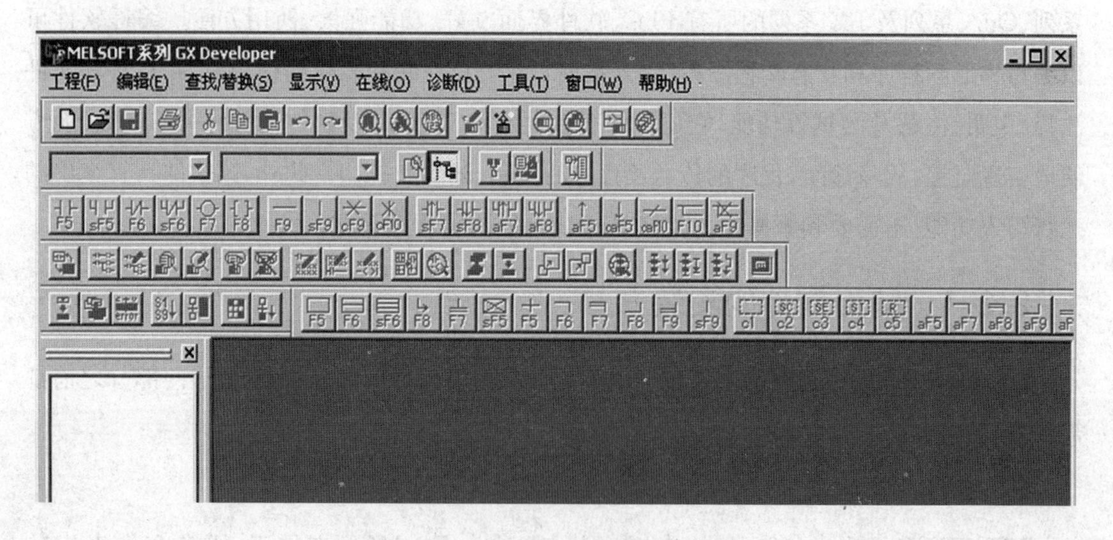

图 2.23 运行 GX Developer 后的界面

2. 新建工程

进入编程环境后,可以看到该窗口编辑区域是不可用的,工具栏中除了“新建”和“打开”

按钮可用以外，其余按钮均不可用。单击图 2.23 中的 按钮，或执行“工程”菜单中的“创建新工程”命令，可创建一个新工程，出现如图 2.24 所示画面。

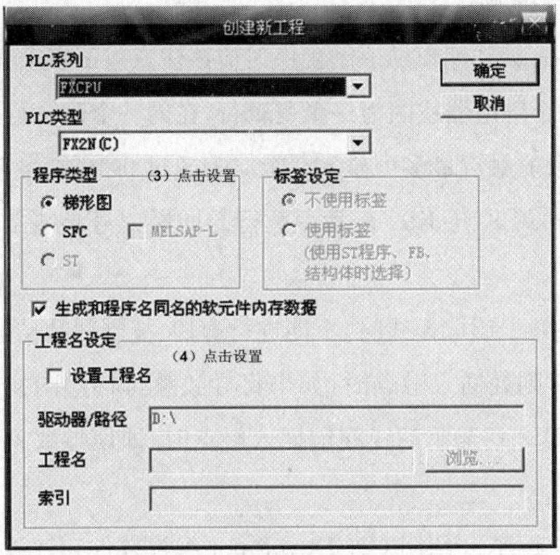

图 2.24　“创建新工程”对话框

根据自己需要来选择合适的 PLC 系列和 PLC 类型。此外，设置项还包括程序的类型，即梯形图或 SFC(顺控程序)，设置文件的保存路径和工程名等。注意 PLC 系列和 PLC 型号两项是必须设置项，且必须与所连接的 PLC 一致，否则程序可能无法写入 PLC。设置好上述各项后点击“确定”按钮，出现图 2.25 所示 GX Developer 主界面，可以进行程序的编

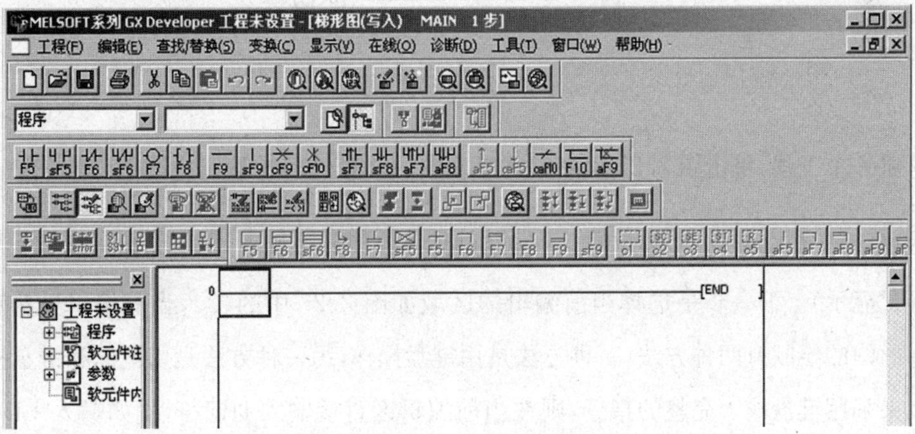

图 2.25　程序的编辑窗口

辑。这个主界面由标题栏、菜单栏、工具栏、工程数据列表、编辑区及状态栏等几部分组成，在编辑区可以进行程序的编写和注释的编辑等工作。

3. 梯形图程序的编制

使用 GX Developer 软件编辑梯形图程序时应该注意以下事项：

① 在梯形图中，每个继电器线圈为一个逻辑行，在同一个逻辑行内线圈不能串联。

② 一个逻辑行串联的触点最多可显示 9 个。若超过 9 个，则自动回送移动到下一行显示，回送记号(即续行符)用 K0～K99 表示。两行的回送记号必须是相同的号码，回送行间不能插入其他的梯形图。

③ GX Developer 处于读取模式时，不能进行剪切、复制和粘贴等编辑。

④ 在梯形图的第 1 列处插入触点时，如果将导致整行梯形图换行，将不能进行触点的插入；但若在梯形图的第 2 列至驱动线圈前插入触点时，即使导致整行梯形图换行，也可以进行插入。

下面通过一个具体实例，介绍用 GX Developer 编程软件在计算机上编制如图 2.26 所示的梯形图程序的操作步骤。

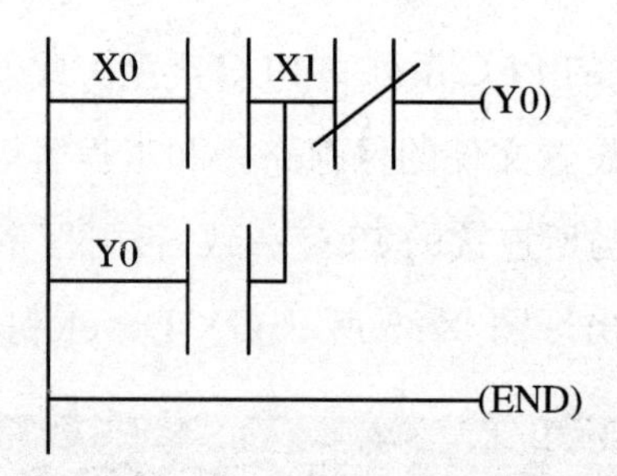

图 2.26 梯形图实例

新建一个工程，单击图 2.27 程序编制界面中的位置(1)按钮或按 F2 键，使软件为写入模式，然后单击图 2.27 中的位置(2)按钮，选择梯形图显示(即程序在编写区中以梯形图的形式显示)。下一步是选择当前编辑的区域如图 2.27 中的(3)，当前编辑区为蓝色方框。梯形图的绘制有两种方法，一种方法是用键盘操作，另一种方法是用鼠标和键盘操作。

如果采用键盘输入完整的指令，则在当前编辑区直接输入助记符，例如输入 LD X0 按“Enter”键(或单击确定)，则 X0 的常开触点就在编写区域中显示出来，然后再输入 LDI X1、OUT Y0、OR Y0，即绘制出如图 2.28 所示图形。梯形图程序编制完成后，在写入 PLC

之前，必须进行变换，单击图 2.28 中“变换”菜单下的“变换”命令，或直接按“F4”键完成变换，此时编写区不再是灰色状态，可以存盘或传送。

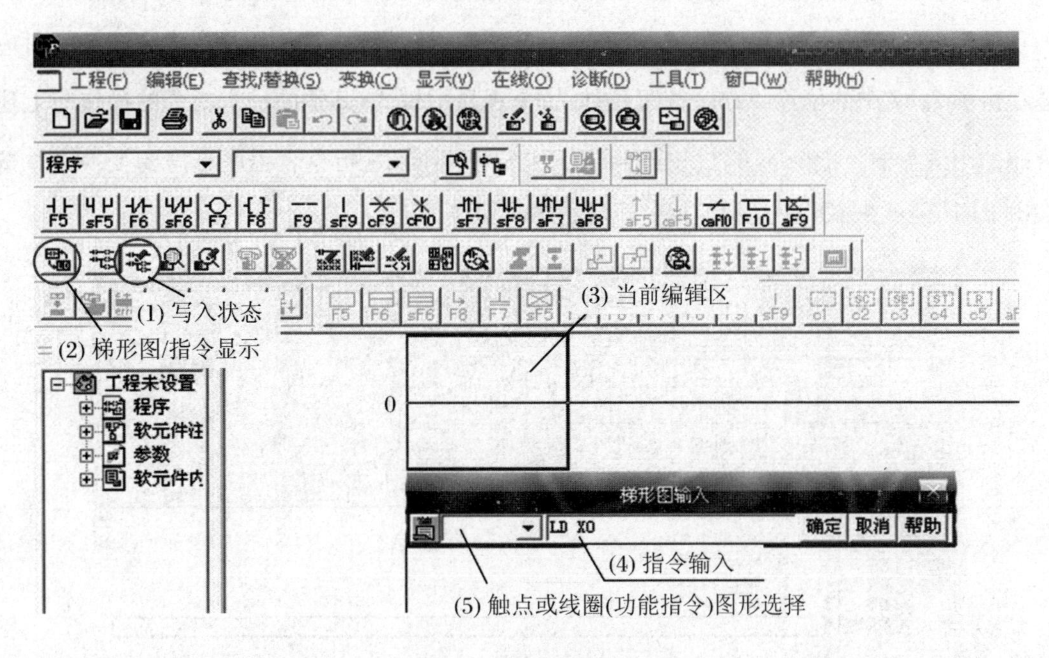

图 2.27　程序编制界面

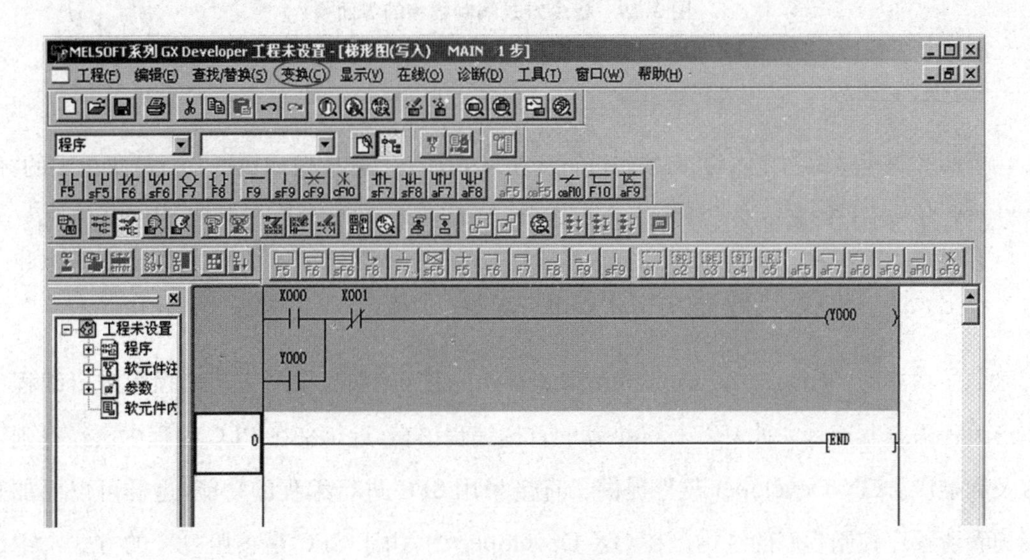

图 2.28　程序变换前的界面

另一种方法是用鼠标配合键盘操作，即用鼠标选择工具栏中的图形符号，然后再键入其软元件和软元件号，输入完毕按“Enter”键即可。

4. 指令表方式编制程序

指令表方式编制程序即直接输入指令并以指令的形式显示的编程方式。对于图 2.26 所示的梯形图,其指令表程序在屏幕上的显示如图 2.29 所示。在使用指令表方式编程时应该单击图 2.27 中的位置(2)按钮,选择指令表显示模式,其他的输入指令的操作与上述介绍的用键盘输入指令的方法完全相同,只是显示不同,且指令表程序不需要变换。并按"Alt+F1"键可在梯形图显示与指令表显示之间切换。

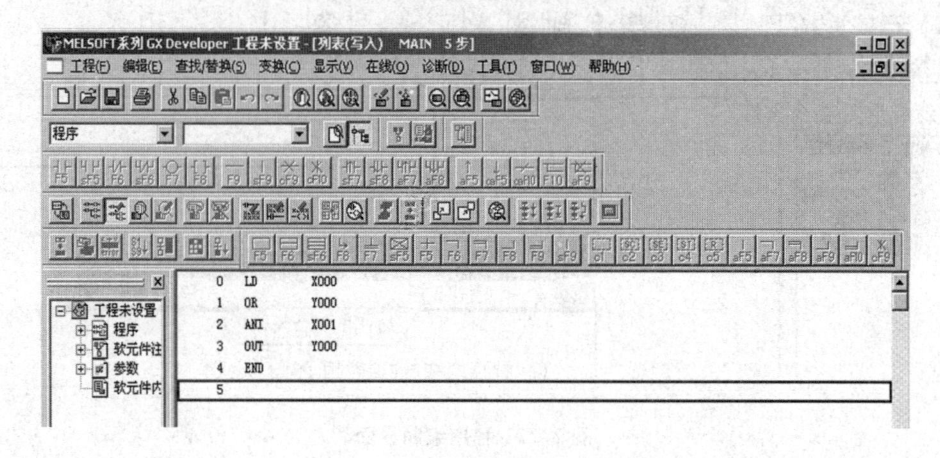

图 2.29　指令方式编制程序的界面

5. 保存工程

当梯形图程序编制完成后,必须先进行变换,然后单击按钮或执行"工程"菜单中的"保存"或"另存为"命令,系统会提示保存的路径和工程的名称,设置好后单击"保存"按钮即可。

2.2.3　PLC 顺控指令 SFC 的编程方法

顺序功能图(Sequeential Function Chart)是一种新型的、按照工艺流程图进行编程的图形编程语言。这是一种 IEC 标准推荐的首选编程语言,近年来在 PLC 编程中已经得到了普及和推广。GX Developer 软件提供了直接采用 SFC 进行编程的功能,这样可以更加直观地看清顺序控制程序的结构。在 GX Developer 中,由于 SFC 是按照"块"的方式来组织程序的,双击一个程序块,在右边只显示与该块有关的程序,故在 GX Developer 中不能看到完成的 SFC,这与课本中的 SFC 画法稍有不同。

SFC 程序中的"块"分为"梯形图块"和"SFC 块"两种,因此,在录入 SFC 程序之前,要先

把程序进行分块。通常将第一个 SFC 块之前的普通梯形图作为一个梯形图块，每个 SFC 块都要单独作为一个块，各块按源程序中的顺序组合起来构成一个完整的程序。

下面通过如图 2.30 所示的运料小车实例来介绍 SFC 程序的编制方法和步骤。

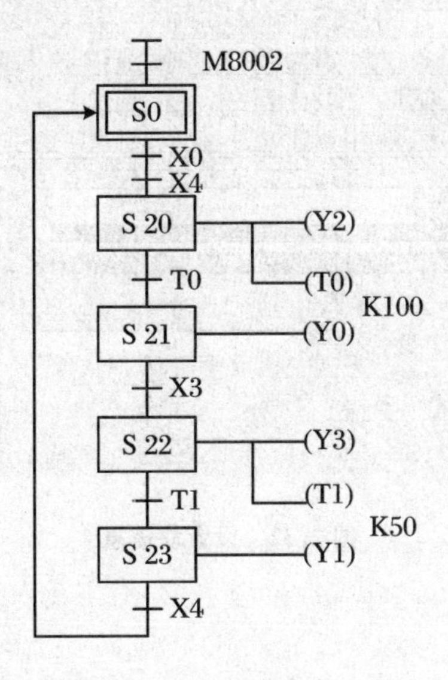

图 2.30　运料小车顺序功能图

1. 创建一个新工程

创建一个新的工程，如图 2.31 所示，选择 SFC 程序类型。创建工程后在编辑区显示分块情况一览表，双击块标题下面的每一行，弹出“块信息设置”对话框，如图 2.32 所示。在该

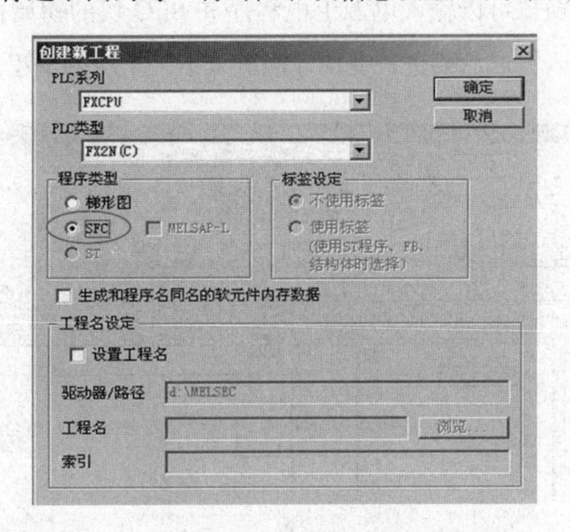

图 2.31　创建新工程

对话框中对每个块的标题及块的类型(是梯形图块还是SFC块)进行定义和设置。

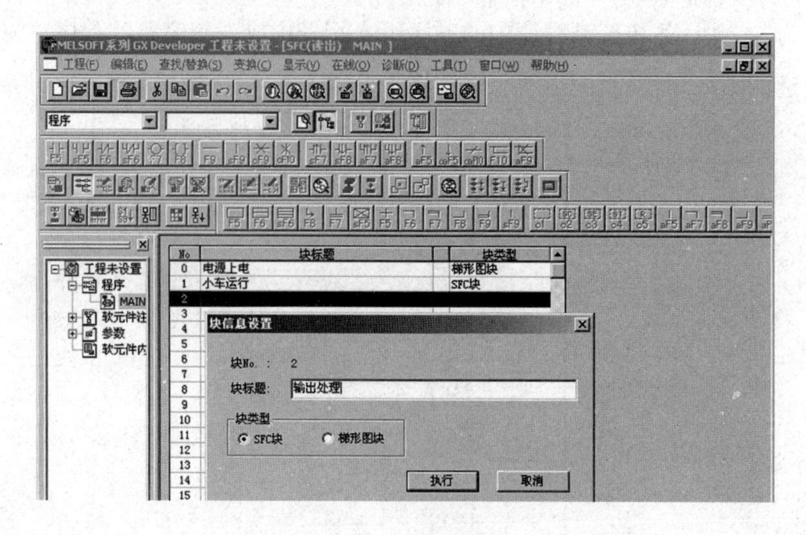

图2.32 设置块信息

2. 编辑程序块

在每个块的信息设置完成后，自动进入该块对应的编辑窗口，此时可以完成该块程序的录入和编辑工作，也可双击工程数据列表中“程序”下面的“MAIN”返回程序分块一览表，继续将程序中所有块的信息设定完成后，再双击各块进行编辑。

例如图2.32中，0块是梯形图块，1块是SFC块。双击0块可编辑该块程序。如图2.33所示，在梯形图的编辑窗口可以输入电源上电程序和SFC块的初始信号(输入方法和普通梯形图相同)。程序输入完成后要进行变换才能进入下一个块的编程。

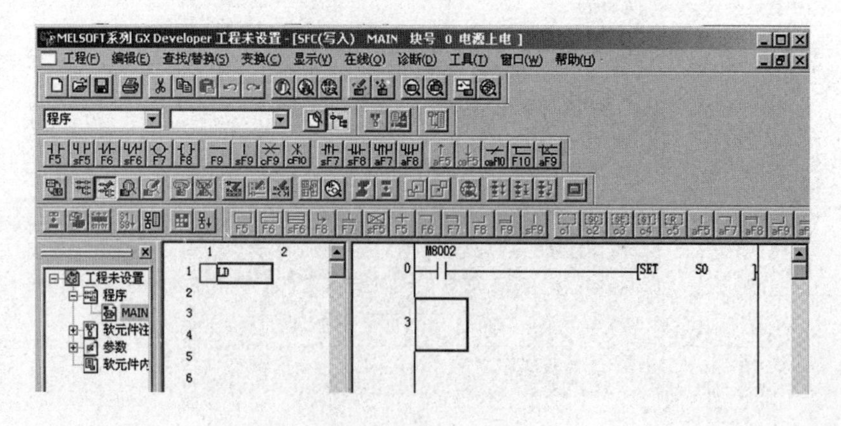

图2.33 0块的编辑

双击图2.32中的1块，在编辑区弹出如图2.34所示的程序编辑窗口。该窗口分为两部分：左边是SFC程序区，右边是普通梯形图程序区。SFC程序区用于绘制不含动作的SFC，SFC中用来表达各“步”的状态继电器只用其数字编号表示（即数字前不加“S”），“?”表

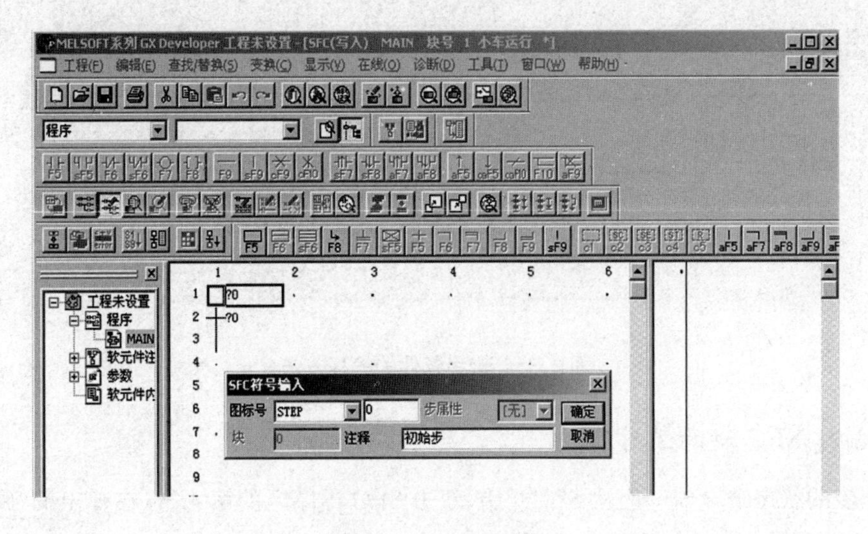

图2.34　1块的编辑

示该步的“动作”还没有编写。普通梯形图区用于表示SFC当前“步”的“动作”，以及该步转移的条件，转移条件所驱动的对象则统一写成“TRAN”，不能写成下一步的状态继电器，这与课本中的步进顺控指令的编程稍有不同。在编写SFC程序时，需要在SFC区和普通梯形图区来回切换。

3. 创建SFC的初始步

初始步的状态继电器一般使用S0～S9，双击初始步的双线矩形框，在弹出的“SFC符号输入”对话框中输入初始步所用的状态继电器数字编号（0～9）和注释（如图2.34所示）。完成后在右边的普通梯形图程序区定义初始步的“动作”，若初始步没有相对应的动作，则不进行编辑。

4. 创建初始步的转移条件

双击初始步后面的转移条件，在弹出的“SFC符号输入”对话框中的图标号中选择TR，同时输入转移条件的数字编号后，单击“确定”按钮。再单击转移条件“? 0”，在普通梯形图区输入该步的转移条件和驱动对象（转移条件所驱动的对象则统一写成“TRAN”），如图2.35所示。

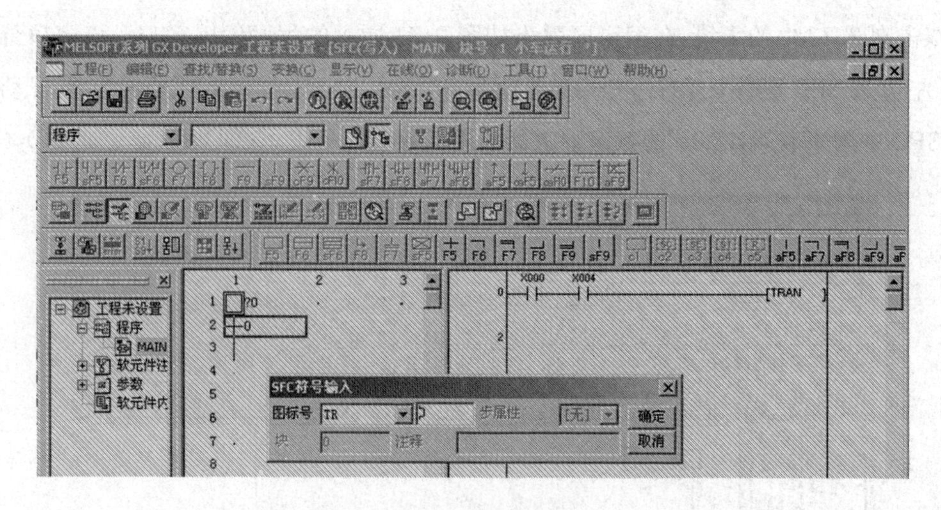

图 2.35 转移条件的编程方法

5. 创建 SFC 块的工作步

工作步的状态继电器一般从 S20 开始,双击 SFC 程序区的第 4 行,在弹出的"SFC 符号输入"对话框中输入该工作步所用的状态继电器数字编号 20 以及相应的注释,如图 2.36 所示。

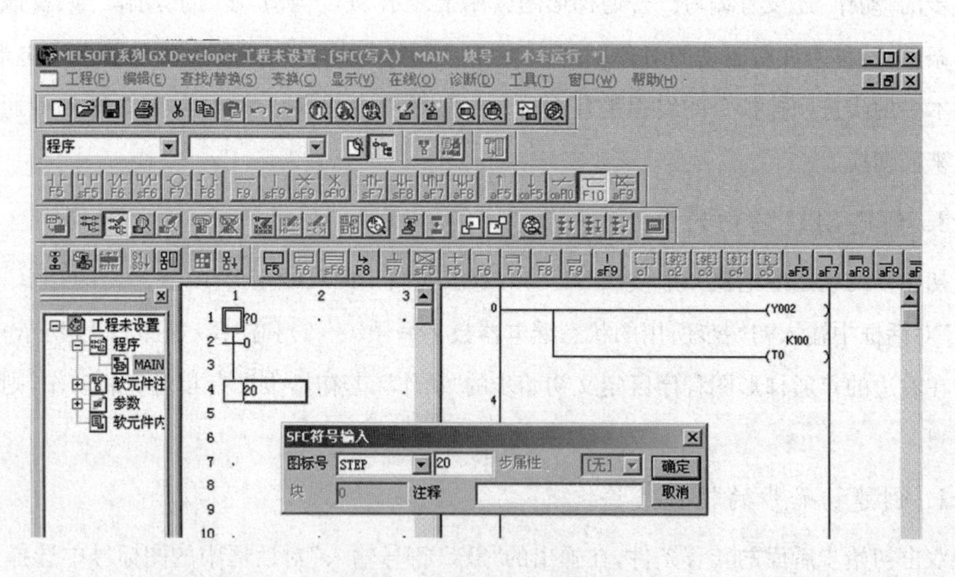

图 2.36 创建 SFC 的工作步

单击 SFC 程序区的工作步矩形框右边的"? 20",可以在普通梯形图区输入该步的负载,变换后返回 SFC 区。

依次创建转移条件以及下一个工作步，直到创建完最后一个工作步。

6. 确定最后一个工作步的转移方向

在 SFC 编程中，最后一个工作步可以转移到初始步(即 S0)，构成单周期工作模式，也可以转移到 S20 步，构成自动循环的工作模式。

将光标移到 SFC 区的第 4 个转移条件下面的空白区(即第 16 行)，单击“编辑”菜单中的“SFC 符号”项后面的“【JUMP】跳”，或者直接单击工具栏中的“跳转”按钮，在弹出的对话框中输入跳转目标步的编号，这里我们选择初始步 0，完成后单击“确定”按钮即可。

完成后的 SFC 程序如图 2.37 所示，在程序中看不到各个工作步的负载和转移条件，如果想编辑和查看各步所驱动的负载和转移条件，可在 SFC 程序区选择相应的状态号或转移条件，然后在普通梯形图区进行查看和编辑。

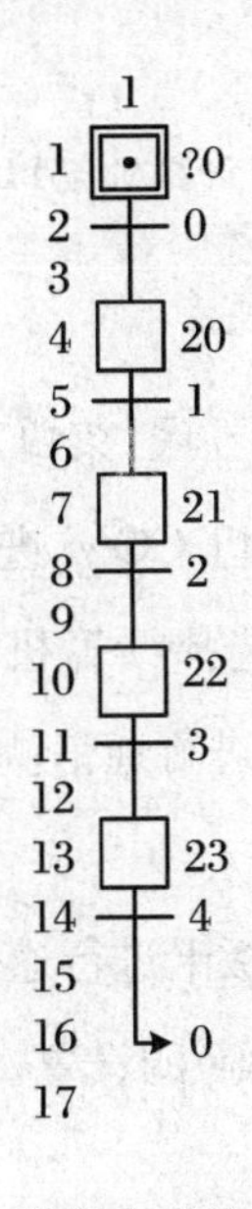

图 2.37 编辑完成的 SFC 程序

这种方法还可以创建更为复杂的选择分支或并行分支的 SFC 程序，请学生自己练习。

2.2.4 程序的运行监控

程序在经过调试正确后，可以下装到 PLC 进一步进行 PLC 联机调试，在联机调试时，可以通过观察 PLC 面板上的输出继电器的指示灯来判断程序的运行情况，也可以用 GX Developer 提供的在线监视功能来观察。具体运行监控包括以下几步：

1. PLC与计算机的连接

装有GX Developer编程软件的计算机可通过其串行口(COM)或者专用的通信板卡,采用SC—09通信电缆与PLC进行连接,如图2.38所示。注意PLC接口方向不要弄错,否则容易造成损坏。

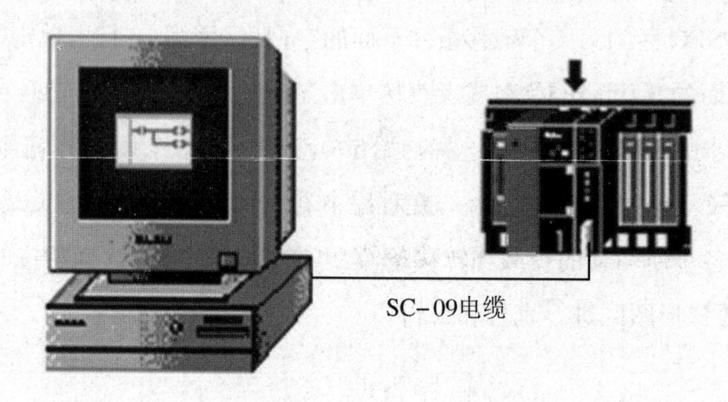

图2.38 计算机与PLC的连接

2. 进行通信设置

在GX Developer编程软件中单击“在线”菜单,选择“传输设置”后,出现如图2.39所示的“传输设置”对话框。若选择通过串行口COM进行通信,则双击图2.39中的“串行”,出现与计算机连接的串行口选项,在其中选择计算机所用的串口和传输速度后,再回到如图2.39所示的界面。单击“通信测试”按钮进行通信测试,若通信连接正常,则出现“与FXCPU连接成功”,单击“确认”即可。

若通过连接在计算机上的其他通信板卡进行通信,则选择具体连接的通信接口板,按上述方法进行相关参数(比如站号、波特率等)的设置。

3. 程序写入及运行监控

将PLC按上述方法与监控计算机进行连接并设置好通信参数后,把PLC的运行开关置于“STOP”位置。在GX Developer中,单击“在线”菜单,选择“PLC写入”,或者单击工具栏中的“PLC写入”工具按钮,出现如图2.40所示窗口,根据出现的对话框进行操作。选中主程序,再单击“开始执行”,将当前程序写入到所连接的PLC中。

把PLC的运行开关置于“RUN”位置,运行PLC后,选择“在线”菜单中的“监视”项后面的“监视模式”,或者直接按下“F3”键,或者单击工具栏中的“监视模式”按钮,启动程序监视功能。此时,在监控计算机中实时显示程序中各个软元件的运行状态及相关参数等,达到运

行监控的目的。

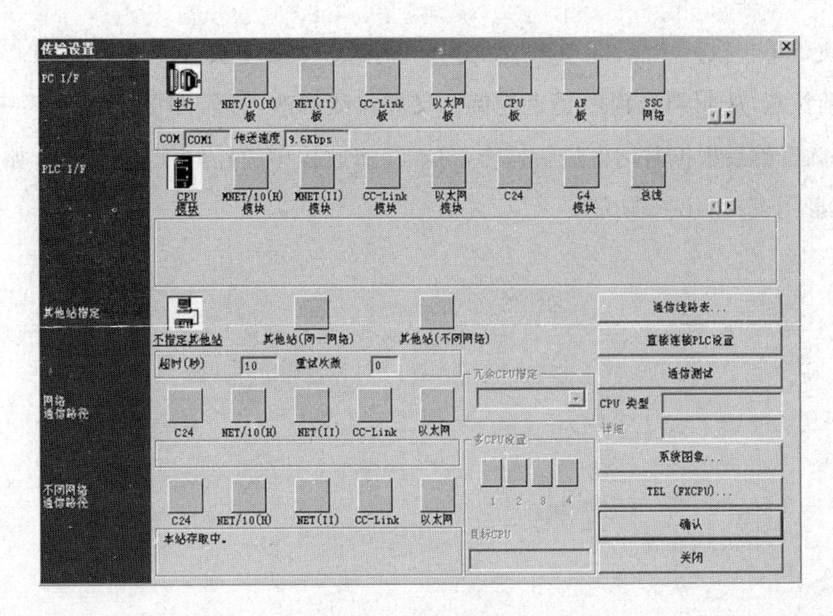

图 2.39　通信传输设置

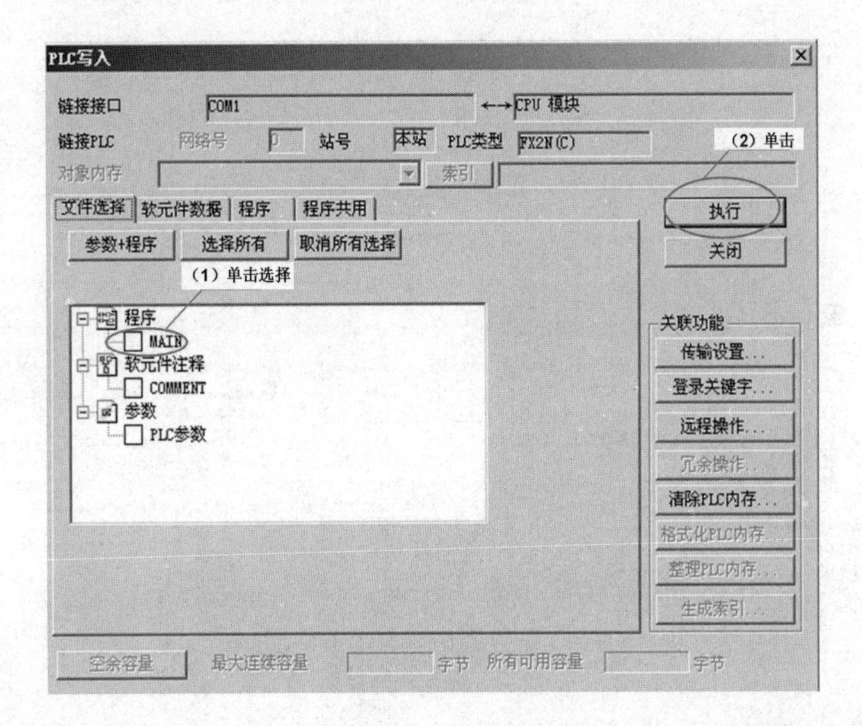

图 2.40　PLC 写入界面

4．其他功能

如要执行单步执行功能，即单击“在线”—“调试”—“单步执行”，即可使 PLC 一步一步依程序向前执行，从而判断程序是否正确。又如在线修改功能，即单击“工具”—“选项”—“运行时写入”，然后根据对话框进行操作，可在线修改程序的任何部分。还有，如改变 PLC 的型号、梯形图逻辑测试等功能。

第3篇　PLC技术实验

3.1　PLC技术实验基础

3.1.1　PLC接线方法

PLC控制系统必须和电源、主令电器、传感器、驱动装置相连接。不同规格型号的PLC接线形式是不同的，现在以三菱FX_{2N}系列PLC为例，介绍PLC的接线方法。

1. 电源接线

我们国家正常使用的PLC供电电源有交流220 V和直流24 V两种形式。图3.1(a)所示为交流供电，其中“L”表示PLC供电电源的火线，“N”表示电源的零线，“⏚”表示接地，“24+”表示采用交流供电的PLC向外部提供的24 V辅助直流电源，供外部设备和部分扩展单元使用，但是此辅助直流电源容量仅为250～460 mA，若是容量不够，则需为外部设备单独提供直流电源。图3.1(b)所示为直流24 V供电，“24 V+”和“24 V−”分别为供电电源

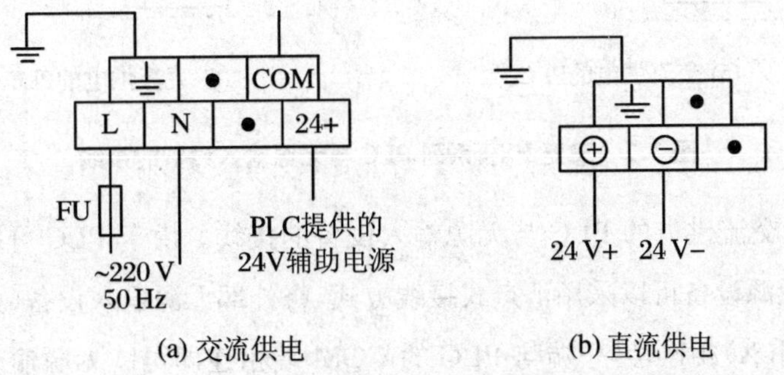

(a) 交流供电　　(b) 直流供电

图3.1　PLC供电电源接线

的正负端,用直流供电的 PLC 不再提供辅助电源输出。

2. 输入信号接线

PLC 的输入信号主要有开关量信号和模拟量信号两种。模拟量信号需要与专门的模拟量输入模块相连,其连接方法也因机型不同而有所不同。因此,本节将重点介绍开关量信号的接线方法。

PLC 各类开关量信号的输入电路基本相同,主要有直流输入(12～24 V)、交流输入(100～120 V,200～240 V)和交直流输入 3 种类型。外部输入器件可以是无源触点(如开关、按钮等),也可以是有源输入设备(如接近开关等)。这些外部信号都要通过 PLC 端子与 PLC 相连,都要形成闭合有源电路,所以必须提供电源。

(1) 无源输入设备的接线

FX_{2N}系列 PLC 只有直流输入。如图 3.2 所示,在 PLC 内部,输入端(X)与直流电源的正极相连,COM 端与电源负极相连。

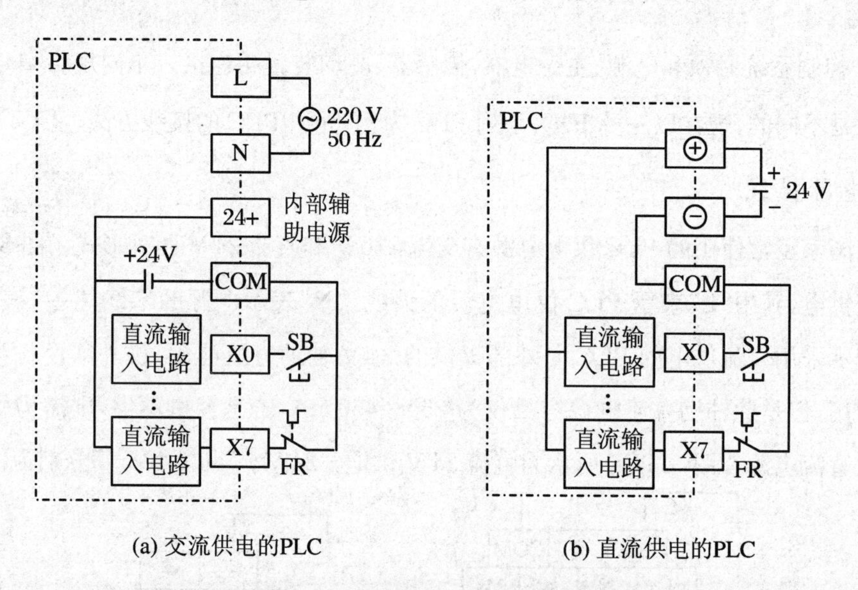

(a) 交流供电的PLC (b) 直流供电的PLC

图 3.2 三菱 FX_{2N}系列 PLC 与无源输入设备的接线

图 3.2(a)为交流供电的 PLC 与无源输入设备的接线。由于 PLC 可以提供 24 V 的辅助电源,故外部无源设备可以采用汇点式接线方式,将外部无源输入设备(如按钮等)的一端与 PLC 的输入端(X)相连,另一端与 PLC 的 COM 端相连即可。无源输入设备与 PLC 内部的 24 V 辅助电源形成闭合回路。

图 3.2(b)为 24 V 直流供电的 PLC 与无源输入设备的接线,此 PLC 不再提供内部辅助

电源输出。将无源输入设备的一端与 PLC 输入端(X)相连，另一端与 PLC 的 COM 端相连，无源输入设备与外部供给的 24 V 电源形成闭合回路。

(2) 有源输入设备的接线

有源输入设备指的是设备本身需要电源驱动，输出有一定电压或电流的开关量传感器(如接近开关等)。根据其原理不同，开关量传感器有很多种，可用于各种不同的检测场合。但是根据其信号线的数量来分，可分为二线式、三线式和四线式三类。其中，四线式有可能是同时提供一个常开触点和一个常闭触点，实际使用时只用其中一个触点；或者第四根线为传感器的校验线，校验线不会接入 PLC 的输入端。因此，四线式可以参照三线式进行接线。

图 3.3 是直流 24 V 的有源输入设备与三菱 FX_{2N} 系列 PLC 的典型接线方式。图 3.3(a)是 PLC 与二线式传感器的接线方式，二线式有两根线，分别是信号线和电源线。图 3.3(b)是 PLC 与三线式传感器的典型接线方式，三线式有三根线，分别是电源正极、电源负极和信号线。不同作用的导线用不同颜色表示，图 3.3(b)所示的导线颜色为常见的颜色定义，常开触点的信号线用黑色表示，常闭触点的信号线用白色表示。

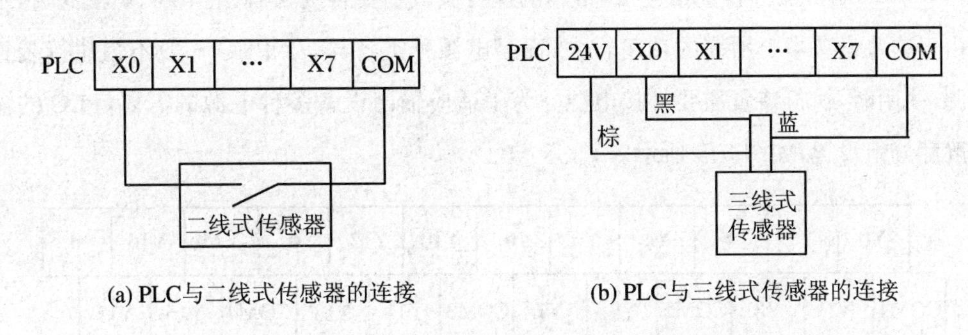

(a) PLC与二线式传感器的连接　　(b) PLC与三线式传感器的连接

图 3.3　三菱 FX_{2N} 系列 PLC 与有源输入设备的接线

三线式传感器与 PLC 进行连接时，还要注意区分该传感器是源型(PNP 型)还是漏型(NPN 型)，以及该传感器采用的供电方式。不同类型的传感器，不同的供电方式，PLC 的接线方式是不同的。

(3) 旋转编码器的接线

旋转编码器可以提供高速脉冲信号，在数控机床及工业控制中经常用到。有的编码器输出 U、V、W 三相脉冲，有的输出两相脉冲，有的只输出一相脉冲。编码器输出脉冲的频率不等，当输出的脉冲频率较低时，PLC 可以响应；当输出的脉冲频率较高时，PLC 就不能响应，此时，编码器输出的高速脉冲信号要接到高速计数特殊功能模块上。

图 3.4 为日本欧姆龙系列旋转编码器与 FX_{2N} 系列 PLC 的接线示意图。

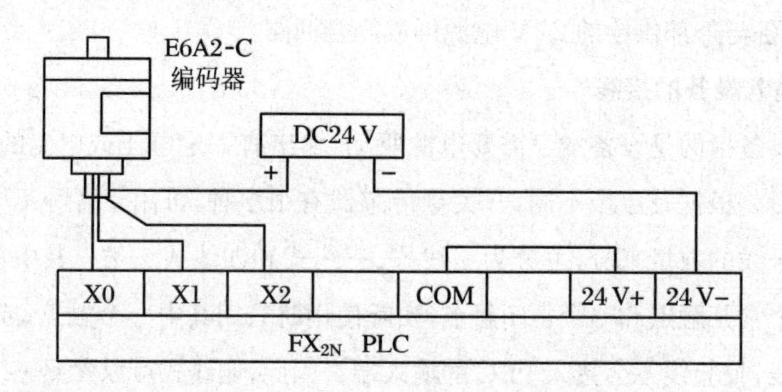

图 3.4 旋转编码器与 FX_{2N} 系列 PLC 的接线示意图

3. 输出信号接线

PLC 的输出信号包括开关量输出和模拟量输出两种。由于模拟量输出需要与专门的模拟量输出模块相连,因此本节着重介绍开关量输出信号的接线方法。

PLC 输出端与执行装置相连接,常用的执行装置主要有接触器、继电器、电磁阀、指示灯等。由于这些设备本身所需的功率较大,而且电源种类各异,故 PLC 一般不为执行装置提供电源,使用时,执行装置需要外接电源。为了适应输出设备多种电源的需要,PLC 的输出端一般都分组设置,如图 3.5 所示。

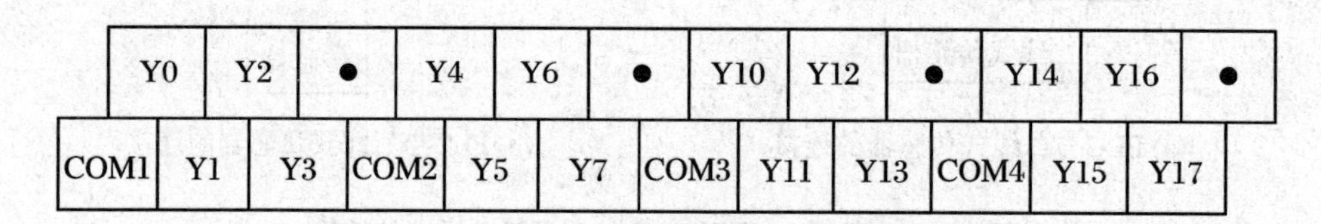

图 3.5 FX_{2N}-32MR PLC 的输出接线端分组布置图

图 3.5 为三菱 FX_{2N}-32MR 系列 PLC 的输出接线端子布局图,FX_{2N}-32MR 系列 PLC 采用继电器输出方式,共有 16 个输出点,每 4 个输出点共用一个 COM 端,即 Y0～Y3 共用 COM1 端,Y4～Y7 共用 COM2 端,Y10～Y13 共用 COM3 端,Y14～Y17 共用 COM4 端。考虑到负载电源种类较多,而输入电源的类型相对较少,故输出的 COM 端一般比输入的 COM 端要多。

PLC 的输出有三种方式,即继电器输出、晶体管输出和可控硅输出。其中,继电器输出即可接交流负载也可接直流负载,晶体管输出只能接直流负载,可控硅输出只能接交流负载。使用时,在注意输出负载电源要求的同时,还要注意负载的额定电流和功率的大小。当

输出负载的电流和功率较小时，一般都可以通过 PLC 的输出接口直接进行驱动。但对于大电流负载，则需要经过中间继电器的触点进行过渡，再去驱动负载，如图 3.6 所示。图 3.6 表示通过中间继电器 KA 过渡可以实现晶体管输出控制交流设备或控制大功率设备。

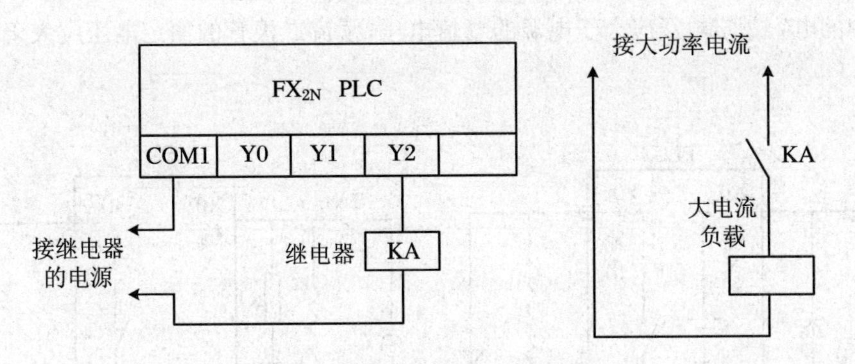

图 3.6　输出接口通过继电器过渡

采用继电器输出方式的一台 PLC 同时控制既有直流电源又有交流电源的负载时，可将相同电源性质和相同电源大小的负载接在同一个 COM 端。电源相同时，几个 COM 端可以连接在一起，但不能将不同电源设备接在同一个 COM 端。图 3.7 所描述的是继电器输出时，交流、直流电源设备混合控制时的接线示意图。输出 Y0～Y2 接的是直流负载，它们接的是直流电源，使用 COM1 端；输出 Y4～Y7 接的是交流负载，它们接的是交流电源，使用 COM2 公共端。

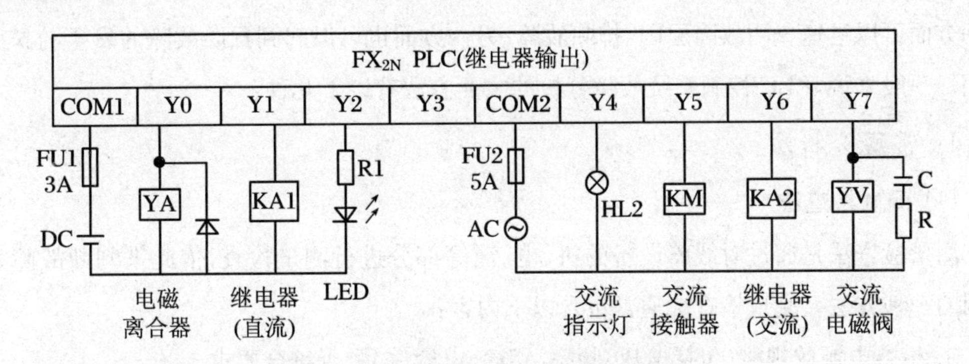

图 3.7　继电器输出时的混合接线示意图

4. PLC 输入/输出接口的保护

当输出接口连接电感类设备时，为了防止电路关断时刻产生高压对输入、输出接口造成破坏，应在感性元件的两端加保护元件。如图 3.8 所示，当输出触点为直流输出和接感性负

载时，需要为感性负载(电磁离合器 YA)并接续流二极管，此时应特别注意并接续流二极管的极性，防止极性错误引起的输出短路。

对于直流电流，应并接续流二极管，对于交流电路应并接阻容电路，如图 3.9 所示。阻容电路中的电容额定电压应大于电源的峰值电压，续流二极管的额定电压应大于电源电压的 3 倍。

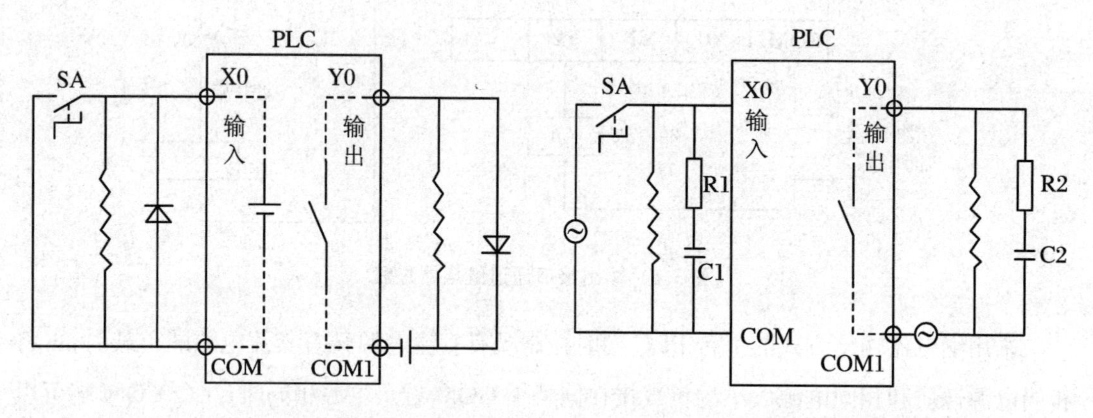

图 3.8　直流输入/输出接口的保护　　图 3.9　交流输入/输出接口的保护

3.1.2　PLC 系统的故障分析

当 PLC 控制系统在调试或运行过程中出现故障时，首先应进行故障分析。通过故障分析一方面可以迅速查明故障原因，排除故障；另一方面也可以起到预防故障的发生与扩大的作用。一般来说，PLC 控制系统故障分析的主要方法有以下几种：

1. 常规分析法

(1) 测量检查法

测量检查法是通过对故障设备的机、电、液等部分进行测量检查，依此来判断故障发生原因的一种方法。测量检查法通常包含以下内容：

① 检查电源的规格(包括电压、频率、相序、电容等)是否符合要求。

② 检查 PLC 控制系统中的各控制装置与控制部件，如伺服驱动器、变频器、电动机、输入/输出信号等的连接是否正确、可靠。

③ 检查 PLC 控制系统中的各控制装置与控制部件是否安装牢固，接插部分是否有松动。

④ 检查系统中的各控制装置与控制部件的设定端、电位器的设定、调整是否正确。

⑤ 检查液压、气动、润滑部件的油压、气压是否符合要求。

⑥ 检查电气元件、机械部分是否有明显的损坏等。

(2) 动作分析法

动作分析法是通过观察、监视实际动作，判定动作不良部位，并由此来追溯故障根源的一种方法。

一般来说，设备中采用液压、气动控制的部位，可以根据设计时的动作要求，通过每一步动作的动作条件与动作过程进行诊断来判定故障原因。当故障在某一动作发生时，首先可以检查输入信号的条件是否已经满足，然后检查 PLC 输出是否已经接通、执行元件是否动作，在此基础上，判断出故障存在的部位。

当 PLC 输入条件未具备时，应首先检查输入信号，找到相应的传感器、开关，检查其发信情况，确定是传感器、开关的原因还是连接原因。如果 PLC 输入条件已经具备，但是 PLC 输出无信号，可以确认故障与 PLC 程序有关，应检查 PLC 程序。如果 PLC 输出已经接通，但执行元件没有动作时，故障与 PLC 输出连接、执行元件的连接、执行元件的强电控制电路的"互锁"有关。当执行元件已经动作，但实际动作不正确或者无动作时，故障与设备的机械、液压、气动等方面的因素有关。

(3) 动态检测法

动态检测法是通过动态检测 PLC 程序梯形图断定故障原因的一种方法，这一方法在系统维修过程中使用广泛。

在大部分 PLC 控制系统中，借助于 PLC 图形编辑器或者安装有 PLC 开发软件的计算机，可以对执行的 PLC 程序进行动态监控。通过观察确定程序中哪些条件输入信号或者内部继电器的条件没有具备，以及造成条件不具备的原因。

借助于 PLC 的图形编辑器，通过动态检测法能迅速找到故障的原因，在 PLC 系统调试与维修过程中使用广泛。

2. PLC 自诊断

PLC 控制系统故障可以分为外部设备故障(如 I/O 信号动作不正确等)、程序错误以及 PLC 本身不良等几种类型。其中，前两者属于 PLC 应用故障，一般可以利用常规分析法，通过对 I/O 信号的检查与程序的调试予以解决，它与 PLC 本身无关。对于 PLC 本身所出现的故障，可以通过 PLC 自诊断功能进行解决。PLC 自诊断的结果可以通过观察 PLC 的状态指示灯的信号，以及读出 PLC 特殊内部继电器的状态进行显示。下面以 FX_{2N} 系列 PLC

为例进行分析。

(1) 利用状态指示灯的故障诊断

一般来说,PLC基本单元以及PLC模块(主要是CPU模块)均安装有若干状态指示灯(LED),用于指示PLC的工作状态与内部报警。不同型号的PLC其状态指示灯的数量与显示的内容是不同的,下面以FX_{2N}系列PLC为例进行分析。最基本的PLC状态指示灯所代表的含义以及诊断过程通常如下:

1) 电源指示灯(POWER)

用于指示PLC的输入电源。

指示灯亮,表明PLC的电源已经正常输入,在PLC正常工作时,此指示灯一直亮着。

指示灯不亮,首先应该检查外部电源是否符合要求。如:PLC电源的交/直流选择是否正确,外部电源是否已经正确连接到PLC的电源连接端,外部电源是否存在接触不良现象等。在确认外部电源已经正确连接到PLC后,如果指示灯仍然不亮,可以检查PLC上的连接端"24+"(此连接端用于提供PLC外部输入传感器的DC 24 V电源)。当该连接端"24+"上有连接线时,表示PLC需要为外部输入提供24 V电源,为了确认故障部位,可以取下连接线,在断开外部负载的情况下再进行检查、试验。

若连接线取下,断开负载,指示灯变亮,表明端子"24+"的外部负载存在短路或过载。应检查PLC的输入电路连接与DC 24 V的负载情况,以排除故障。如果是由于外部负载过大而引起的故障,应修改电路设计,采用独立的外部供电电源。

如连接端"24+"未使用或取下连接端"24+"上的连接线后,POWER指示灯仍然不亮,表示PLC内部不良。这时可以打开PLC,对内部电源的熔断器进行检查,如果是熔断器熔断,在测量确认内部无短路的前提下,可以更换同规格的熔断器,否则应进行PLC的维修或更换。

注意,当使用PLC内部电源("24+"连接端)对输入传感器供电时应保证以下两点:

① 负载电流不能超过PLC允许范围。当负载过大时,应采用单独的外部电源对输入传感器供电,而不应使用PLC内部电源供电的形式。

② 当PLC采用外部电源时,外部电源的DC 24 V端不可以与PLC的内部24 V相连接。

2) 运行指示灯(RUN)

用于指示PLC的运行情况。

指示灯亮，则表明 PLC 处于正常工作状态，PLC 内部无故障或无重大故障。

指示灯不亮，可能有以下原因：

① PLC 上的 RUN/STOP 开关被设置为“STOP”状态，使得 PLC 停止运行。

② PLC 程序存在错误，这时，PLC 的程序出错提示灯“PROG-E”或出错指示灯“ERR”同时亮或者闪烁。

③ PLC 循环时间超过，这时 CPU 出错灯“CPU-E”或出错指示灯“ERR”同时亮。

根据以上不同情况，进行分析、检查和处理。

3）电池故障指示灯(BATT)

用于指示 PLC 内部电池的状态。

当 BATT 指示灯亮时，表示 PLC 的内部电池电压过低，这时 PLC 的特殊内部继电器 M8006 为“1”，一般情况下 PLC 仍然可以工作一段时间，但应尽快更换电池，以免数据丢失。

4）程序出错指示灯(PROG-E)

用于指示 PLC 程序是否出错。

当 PLC 程序出错时指示灯 PROE-E 闪烁，表示 PLC 用户程序存在错误，可能的原因有：

① 定时器、计算器的常数 K 没有设置。

② PLC 程序存在语法错误。

③ 电池电压下降引起 PLC 用户程序出错。

④ 由于灰尘、导电物的进入，引起的 PLC 内部工作错误。

⑤ 由于外部干扰引起的 PLC 内部工作错误。

用户程序存在错误时，通过查看 PLC 特殊数据寄存器 D8004 的内容，可以知道对应的用于错误寄存的 PLC 特殊内部继电器号，通过查阅 PLC 特殊内部继电器，便可以知道出错原因。有关错误寄存的 PLC 特殊内部继电器内容详见后述。

5）CPU 出错提示灯(CPU-E)

用于指示 CPU 是否出错。

CPU 出错提示灯 CPU-E 亮，表示 PLC 用户程序的循环执行时间超过，可能有以下原因：

① 由于灰尘、导电物的进入，引起的 PLC 内部工作错误。

② 由于外部干扰引起的 PLC 内部工作错误。

③ PLC的功能模块使用过多,引起PLC用户程序的循环执行时间超过(可以通过检查PLC特殊数据寄存器D8012的内容,了解PLC程序的最长执行时间)。

④ 在通电情况下进行了PLC存储器卡的安装与取下操作。

⑤ PLC硬件存在故障。

6) PLC错误指示灯(ERR)

用于指示PLC的故障。

指示灯亮,表示PLC的硬件或软件存在故障,一般情况下PLC将停止工作,故障原因需要通过进一步的诊断予以确认。

7) PLC输入指示灯

用于指示PLC输入信号状态。

当设备侧输入发信时,对应的指示灯亮。当输入发信时,如指示灯不亮,可能的原因有:

① 采用汇点输入(无源)时,信号的接触电阻太大或输入信号的电压过低,使得输入电流不足以驱动PLC的输入接口电路。

② 采用源输入(有源)时,因信号的接触电阻太大或输入信号的电压过低,使得输入电流不足以驱动PLC的输入接口电路。

③ 输入端子的接触不良或输入连接线接触不良。

④ 当故障发生在扩展单元时,可能是基本单元与扩展单元间的连接不良。

⑤ PLC输入接口电路损坏。

8) PLC输出指示灯

用于指示PLC输出信号的状态。

当PLC输出为"1"时,对应的指示灯应亮,如指示灯不亮,可能的原因有:

① 采用汇点输出(无源)时,可能PLC输出接口电路损坏。

② 采用源输出(有源)时,可能因输出负载过重、短路引起了PLC内部电源电压的降低与保护。

③ 当故障发生在扩展单元时,可能是基本单元与扩展单元之间的连接不良引起的故障。

④ PLC输出接口电路损坏。

(2) 利用特殊内部继电器的故障诊断

由于PLC基本单元以及PLC模块上的状态指示灯较少,它只能指示PLC的最基本工

作状态，对于发生故障的具体内容与原因，无法通过指示灯予以进一步确认。因此，还需要通过更为具体的自诊断功能指明故障原因，缩小故障范围。在 PLC 中，这一功能通常由 PLC 的特殊内部继电器或专用数据寄存器完成。

在 PLC 内部有大量的特殊内部继电器或专用数据寄存器，用于寄存 PLC 的实际工作状态与故障自诊断结果。这些特殊内部继电器与专用数据寄存器的内容不仅可以通过编程器读出后，作为 PLC 诊断的状态显示，而且可以像其他内部继电器与数据寄存器一样，在 PLC 用户程序中使用（只能读出其内容或者使用其“触点”，不能对其内容进行写入）。因此，充分利用这些状态信息，不但可以方便故障诊断，还能够提高 PLC 用户程序的可靠性。

用于寄存 PLC 状态的特殊内部继电器或专用数据寄存器数量众多，内容、地址各不相同，具体使用时，应查阅 PLC 随机提供的使用手册。

3.1.3　PLC 的日常维护

1. 定期检查

虽然 PLC 是一种可靠性很高的工业控制设备，但是周围的工作环境也往往会影响到 PLC 的使用寿命，因此，对 PLC 控制系统进行定期检查仍然很重要。

PLC 的定期检查包括以下内容：

(1) PLC 工作状态检查

PLC 的工作状态可以通过观察 PLC 的 CPU 模块上的错误指示灯与运行指示灯进行检查，应保证 PLC 运行指示灯在工作时始终处于亮的状态，而错误指示灯在灭的状态。

(2) 电源电压检查

当对设备进行了更新安装、外部电网进行调整或是电源更新进行连接后，必须对 PLC 的输入电源进行更新检查，以保证电源电压在允许的波动范围内。

(3) I/O 继电器检查

定期检查 I/O 继电器的情况，防止触点的短路与“熔焊”、线圈的绝缘老化与短路。

(4) 环境检查

应定期对照 PLC 对环境的要求，检查工作条件是否符合 PLC 的环境条件。

(5) 安装检查

请定期检查 PLC 的安装，检查安装是否牢固、插接件连接是否可靠、电气连接是否有松动等。

(6) 电池检查

应定期检查电池的工作情况，并根据 PLC 生产厂家提供的电池使用寿命要求按时更换电池，确保电池极性的正确连接。

(7) PLC 程序检查

应定期核对 PLC 程序，保证程序的正确性，特别是在更换模块、电池后，务必对 PLC 程序进行一次全面检查，以防止程序错误引起的故障。

2. 日常维护

PLC 控制系统的日常维护对提高控制系统的可靠性与延长使用寿命关系密切。PLC 控制系统的日常维护与其他工业计算机控制系统类似，主要包括以下几个方面：

① 安装有 PLC 的电气控制柜要有整洁、干燥的环境。电气柜内部应安放吸湿干燥物，并防止冷却液、油雾的飞溅。

② 无论在系统工作或者停机状态下，电气柜门要始终处于关闭状态，保持电气部件有良好的密封性。

③ 保持电气柜风机(如安装)的通风良好，通风门要避开冷却液、油雾飞溅的区域，保持进风口的清洁与干燥。

④ 按照规定要求，定期检查、清洗或更换风机过滤、防尘网。

⑤ 定期清洁电气柜内部与电气元器件，特别安装有内部风机的部件，表面容易积尘，应对其进行定期清理，保证电气元器件处于良好的工作环境与工作状态。

⑥ 电缆、电线进出口应保持密封的状态，防止异物、灰尘的侵入。

⑦ 定期检查、更换电器易损部件，确保全部电气元器件都在规定的使用寿命之内。

⑧ 对于通/断大功率部件的接触器，应定期检查触点的接触状态，清理触点表面，防止氧化。

⑨ 应定期检查安装于设备上的检测元件、开关，随时清除检测元件、开关上的铁屑、灰尘等污物，保证动作的可靠性。

3. 电池更换

PLC 的大量数据都需要通过电池予以保持，因此，必须定期检查、更换电池。一般来说，PLC 的锂电池的使用寿命为 3～5 年，定期更换时间为 2～3 年。当电池电压下降时，通常情况下 PLC 上有相应的报警灯显示(如 BATT 等)。当报警灯亮时，原则上应立即更换电池。如无法立即予以更换，需要注意报警后的一个月内电池将失效，保存的数据将丢失，因此必须采取数据备份等措施进行当前数据的保存。

3.2　PLC 基本指令编程实验

3.2.1　实验目的

① 进一步掌握 FX－20P－E 编程器的使用方法。

② 掌握 PLC 基本指令、置位/复位指令、电路块指令、多重输出指令的使用方法。

③ 熟悉梯形图与助记符指令的转换。

3.2.2　实验设备

① 三菱 FX_{2N} 系列可编程控制器 1 台。

② FX－20P－E 型手持式编程器 1 台。

③ 实验开关板 1 块。

④ 指示灯 5 个。

⑤ 相关工具(如螺丝刀、导线等)。

3.2.3　实验内容与步骤

1. 逻辑取及驱动线圈指令编程

① 按图 3.10 所示连接 PLC 的输入和输出电路,并仔细检查。

输入端接线:将按钮 SB1 和 SB2 的一端分别接入 PLC 输入模块的接线端子 X0、X1,另一端接入其公共端 COM。

输出端接线:将指示灯 HL1 的一端接入 PLC 的输出端 Y0,另一端接入其公共端 COM。

② 接通电源,使 PLC 处于编程状态。

③ 将图 3.11(a)所示梯形图转换成助记符语言,并通过手持编程器写入 PLC。

④ 使 PLC 处于运行状态,先后按下按钮 SB1、SB2,观察指示灯 HL1 的状态,并在图 3.11(b)中画出输出波形图。

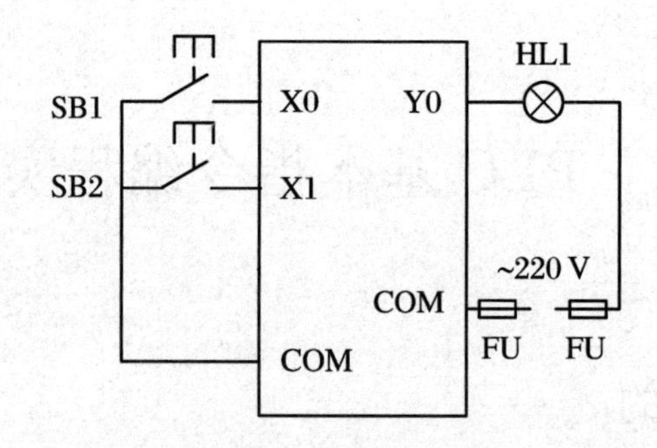

图 3.10 PLC 外部接线

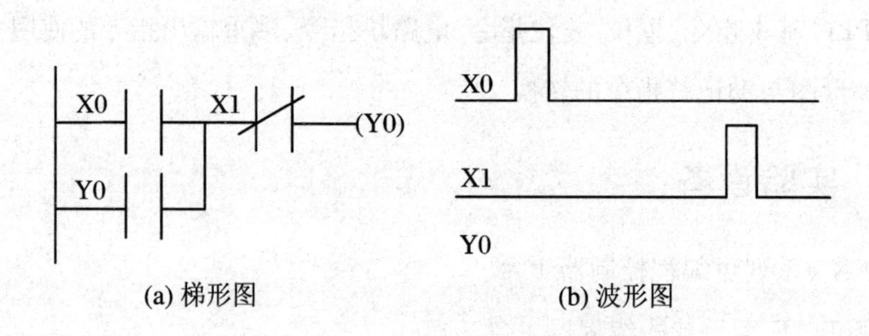

(a) 梯形图 (b) 波形图

图 3.11 逻辑取及驱动线圈指令编程

2. 置位与复位指令编程

① 按图 3.12 所示连接 PLC 的输入和输出电路,并仔细检查。

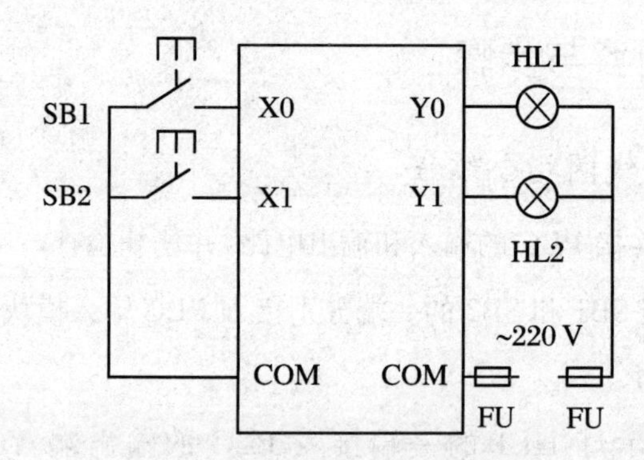

图 3.12 置位与复位指令编程接线图

② 接通电源,使 PLC 处于编程状态。

③ 将图 3.13(a)所示梯形图转换成助记符语言,并通过手持编程器写入 PLC。

④ 使 PLC 处于运行状态,先后按下按钮 SB1、SB2,观察指示灯 HL1,HL2 的状态,并在图3.13(b) 中画出输出波形图。

X0 —(SET Y0)
X1 —(RST Y0)
Y0 —(Y1)
—(END)

(a) 梯形图

X0
X1
Y0
Y1

(b) 波形图

图 3.13　置位与复位指令编程

3. 脉冲指令编程

① 按图 3.14 所示连接 PLC 的输入和输出电路，并仔细检查。

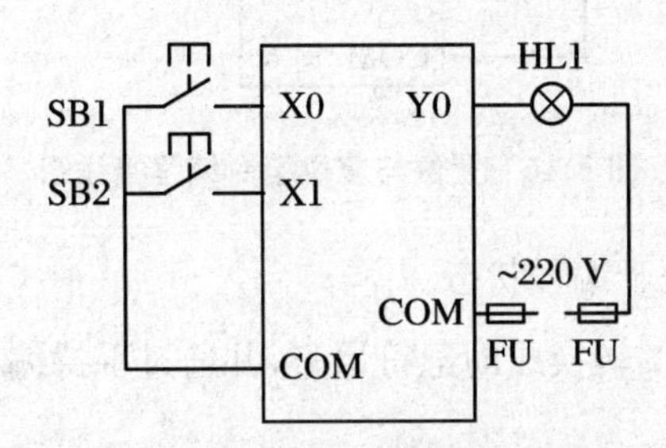

图 3.14　置位与复位指令编程接线图

② 接通电源，使 PLC 处于编程状态。

③ 将图 3.15(a)所示梯形图转换成助记符语言，并通过手持编程器写入 PLC。

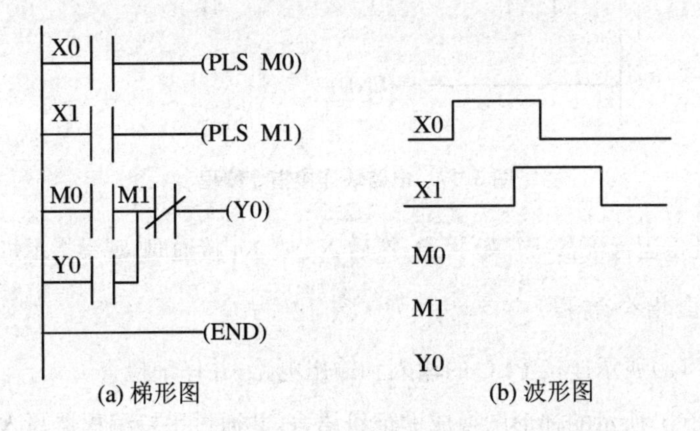

图 3.15　脉冲指令编程

④ 使 PLC 处于运行状态，先后按下按钮 SB1、SB2，观察指示灯 HL1 的状态，并在图 3.15(b) 中画出输出波形图。

4. 电路块连接指令编程

① 按图 3.16 所示连接 PLC 的输入和输出电路，并仔细检查。

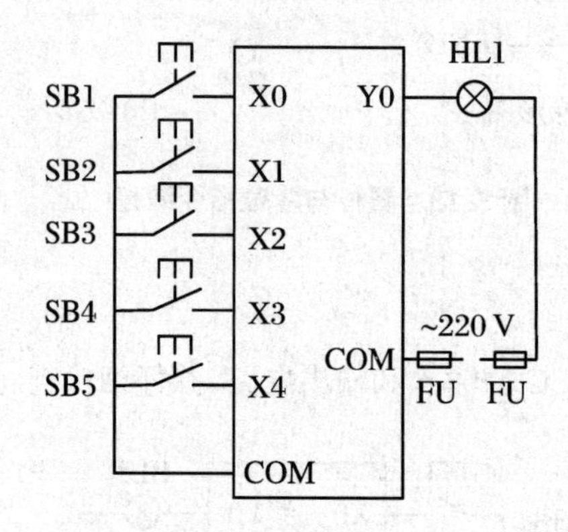

图 3.16 置位与复位指令编程接线图

② 接通电源，使 PLC 处于编程状态。

③ 将图 3.17 所示梯形图转换成助记符语言，并通过手持编程器写入 PLC。

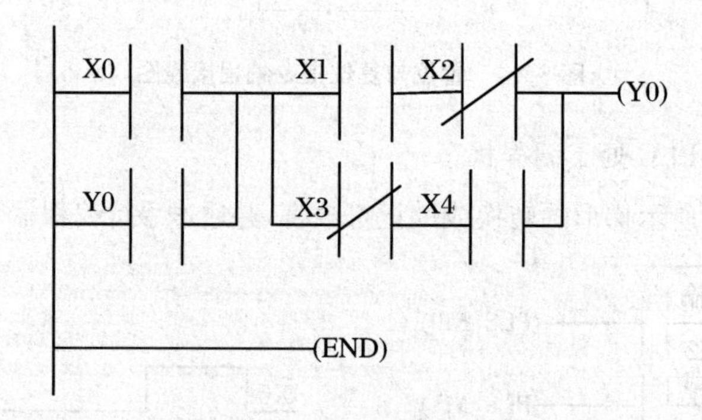

图 3.17 电路块连接指令编程

④ 使 PLC 处于运行状态，当 X0 接通，然后 X1 或 X4 接通时，观察指示灯 HL1 的状态。

5. 多重输出指令编程

① 按图 3.18(a)所示连接 PLC 的输入和输出电路，并仔细检查。

② 将图 3.18(b)所示的梯形图换成助记符语言，并通过手持编程器写入 PLC。

③ 使 PLC 处于运行状态，输入信号如图 3.18(c)所示，请绘制出输出波形图。

④ 将图 3.19 所示的梯形图换成助记符语言，并通过手持编程器写入 PLC。

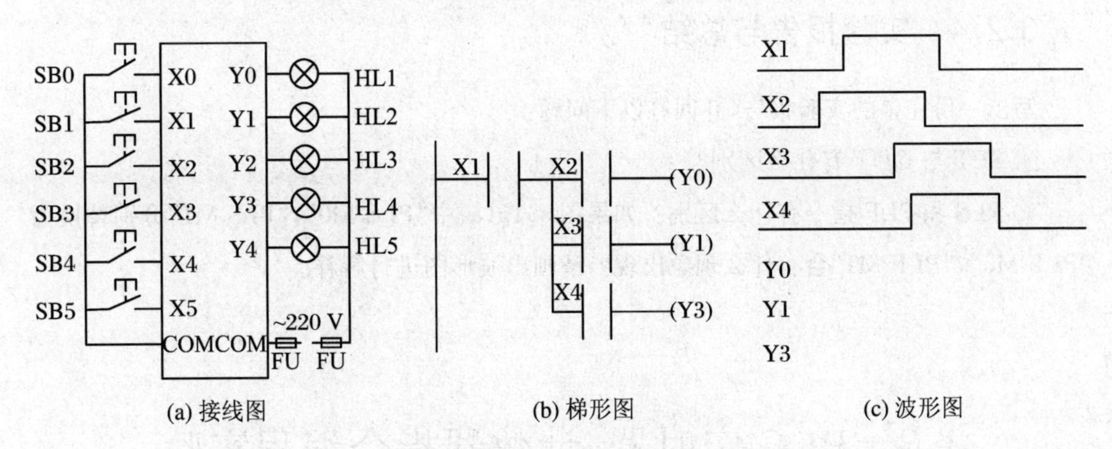

(a) 接线图　(b) 梯形图　(c) 波形图

图 3.18　多重输出指令编程

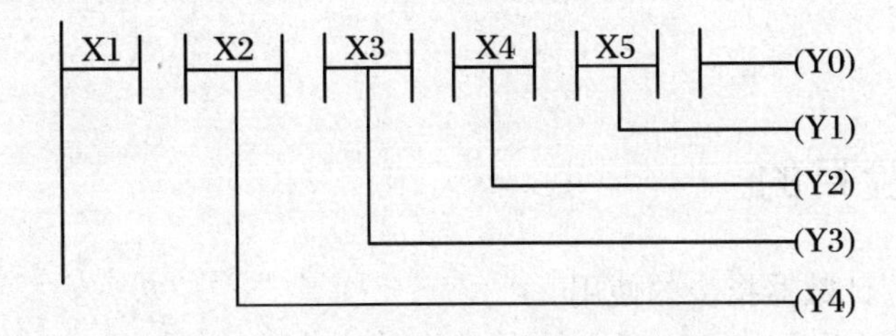

图 3.19　多重输出指令编程梯形图

⑤ 使 PLC 处于运行状态，输入信号如表 3.1 所示，观察运行结果，填写输出信号状态。

表 3.1　输入输出信号状态表

输入信号状态					输出信号状态				
	X2	X3	X4	X5	Y0	Y1	Y2	Y3	Y4
X1 ON	1	1	1	1					
	1	1	1	0					
	1	1	0	0					
	1	0	0	0					
	0	0	0	0					
	0	1	1	1					
	0	0	1	1					
	0	0	0	1					
X1 OFF									

3.2.4 实验报告与总结

写出一份完整的实验报告,并回答以下问题:

① SET与OUT有什么区别?

② PLS和PLF指令有什么区别?如果图3.15(a)中“PLS M0”,“PLS M1”分别替换为“PLF M0”,“PLF M1”会有什么现象出现?请画出波形图进行解释。

3.3 PLC定时器、计数器指令编程实验

3.3.1 实验目的

① 掌握定时器、计数器指令的使用。

② 了解定时元件、计数元件在运行中状况。

③ 进一步掌握波形图的绘制方法。

3.3.2 实验设备

① 三菱FX_{2N}系列可编程控制器1台。

② FX-20P-E型手持式编程器1台。

③ 实验开关板1块。

④ 指示灯3个。

⑤ 相关工具(如螺丝刀、导线等)。

3.3.3 实验内容与步骤

1. 定时器、计数器基本指令编程

① 按图3.10所示连接PLC的输入和输出电路,并仔细检查。

② 将图3.20所示的梯形图换成助记符语言,并通过手持编程器写入PLC。

③ 使 PLC 处于运行状态，观察运行结果，监视各定时器、计数器的状态，并绘制出输出波形图。

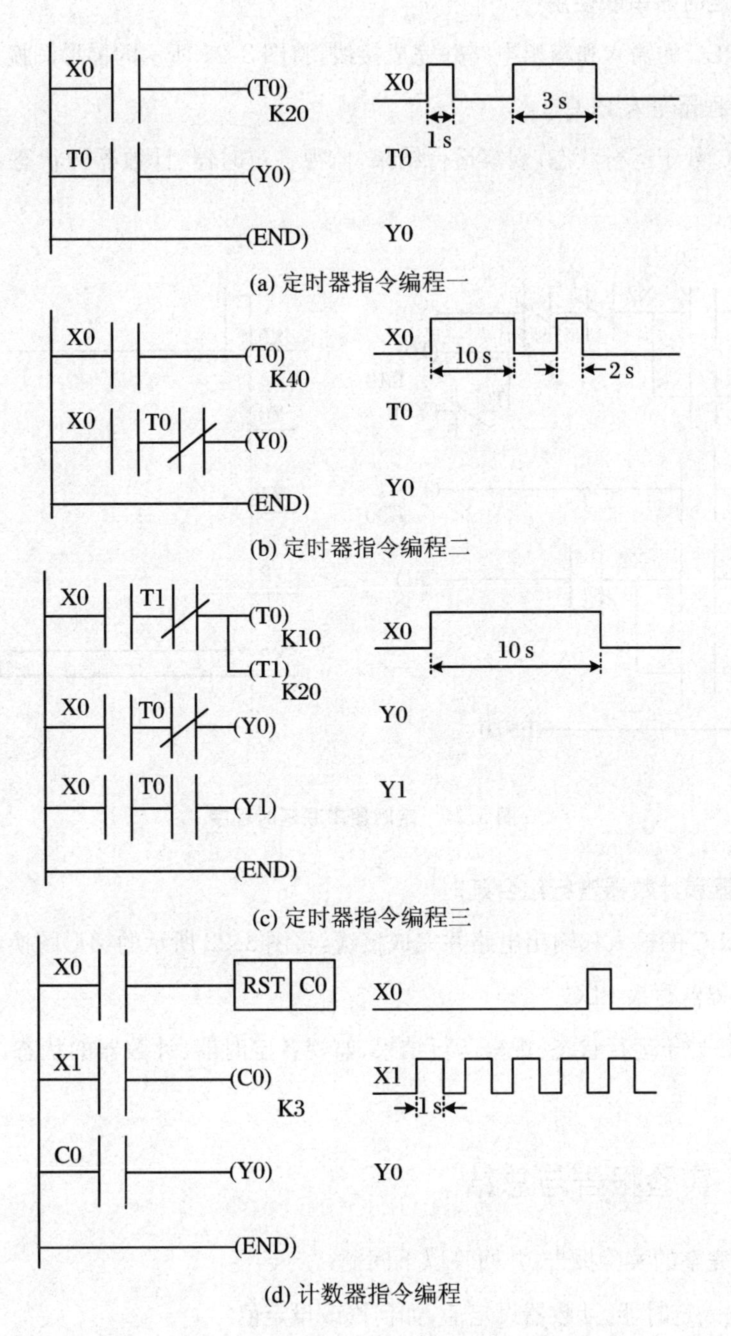

图 3.20　定时器、计数器基本指令编程

2. 定时器、计数器扩展延时编程

(1) 两个定时器串联使用

① 设计PLC的输入和输出电路并完成接线，将图3.21所示的梯形图换成助记符语言，并通过手持编程器写入PLC。

② 使PLC处于运行状态，观察运行结果，监视各定时器、计数器的状态，并绘制出输出波形图。

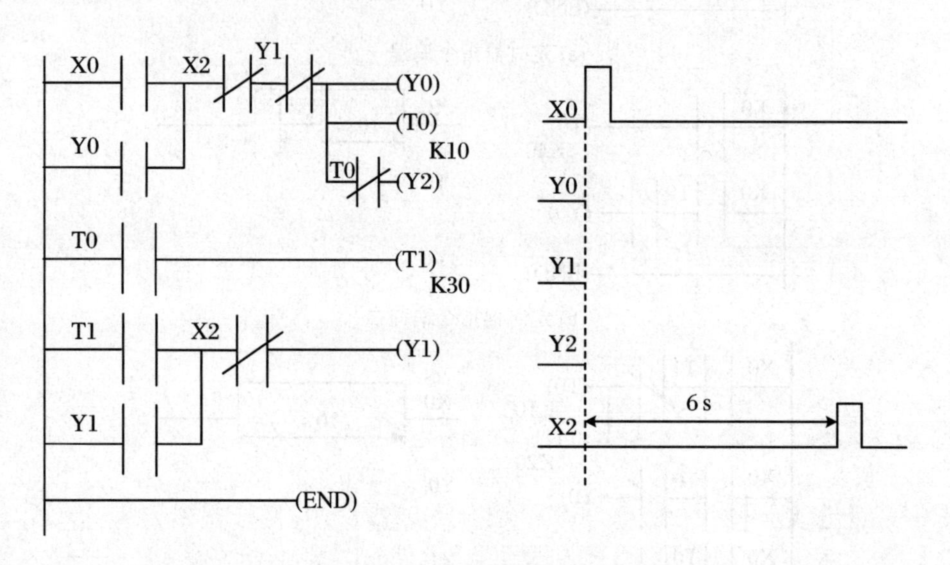

图3.21 定时器串联延时程序

(2) 定时器和计数器进行组合延时

① 设计PLC的输入和输出电路并完成接线，将图3.22所示的梯形图换成助记符语言，并通过手持编程器写入PLC。

② 使PLC处于运行状态，观察运行结果，监视各定时器、计数器的状态，并绘制出输出波形图。

3.3.4 实验报告与总结

写出一份完整的实验报告，并回答以下问题：

① 如何输入定时器、计数器设定值，如何修改设定值？

② 当计数器到达计数脉冲时，是在脉冲上升沿动作还是在下降沿动作？

③ 如何利用定时器扩展定时的时间值，试设计一个长达12 h的定时器。

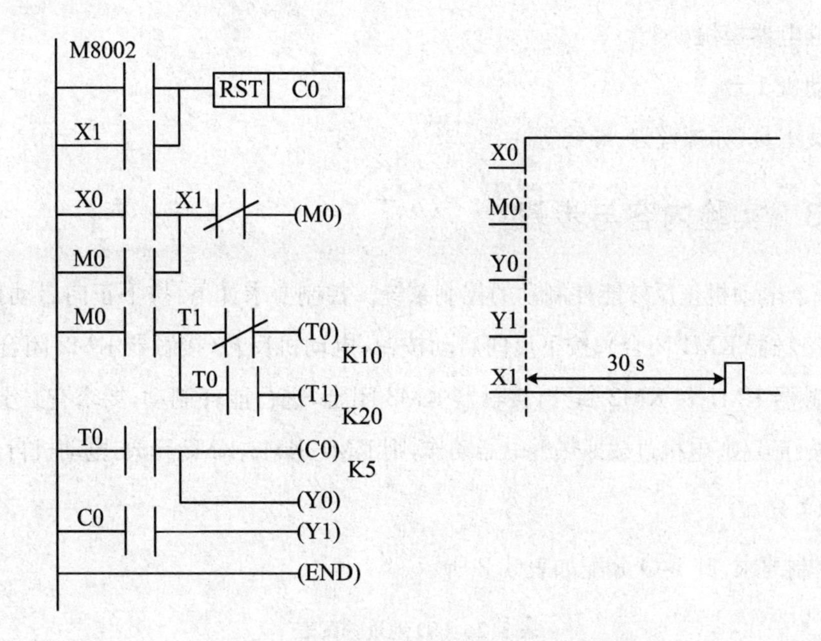

图 3.22　定时器、计数器进行组合延时程序

3.4　PLC 控制的电动机正反转能耗制动编程实验

3.4.1　实验目的

① 掌握 PLC 外围电路的设计。

② 掌握程序设计的方法和技巧。

③ 进一步熟悉手持编程器的使用方法。

3.4.2　实验设备

① 三菱 FX_{2N}系列可编程控制器 1 台。

② FX－20P－E 型手持式编程器 1 台。

③ 实验开关板 1 块。

④ 交流接触器模块 3 个。

⑤ 热继电器模块1个。

⑥ 电动机1台。

⑦ 相关工具(如螺丝刀、导线等)。

3.4.3 实验内容与步骤

设计一个电动机正反转能耗制动的控制系统。控制要求如下:按下正向启动按钮,电机正向运转(接触器KM1闭合);按下反向启动按钮,电动机反转(接触器KM2闭合);按下停止按钮,接触器KM1和KM2断开,接触器KM3闭合,进行能耗制动,要求有必要的电气互锁,不需要按钮互锁;电机过载即热继电器动作,则KM1、KM2、KM3释放,电动机自由停车。

1. I/O分配

根据控制要求,其I/O分配如表3.2所示。

表3.2 I/O地址分配表

输入地址	输入元件	功能说明	输出地址	输出元件	功能说明
X0	SB	停止按钮	Y0	KM1	电机正转接触器
X1	SB1	正向启动按钮	Y1	KM2	电机反转接触器
X2	SB2	反向启动按钮	Y2	KM3	能耗制动接触器
X3	FR1	热继电器常开触点			

2. 梯形图程序设计

根据控制要求和PLC的I/O分配,其梯形图设计如图3.23所示。

3. 系统接线图

根据系统控制要求,设计其系统接线图如图3.24所示。按图3.24(a)所示连接PLC的输入和输出电路,并仔细检查。

4. 系统调试

(1) 输入程序

用手持编程器输入程序,并仔细检查。

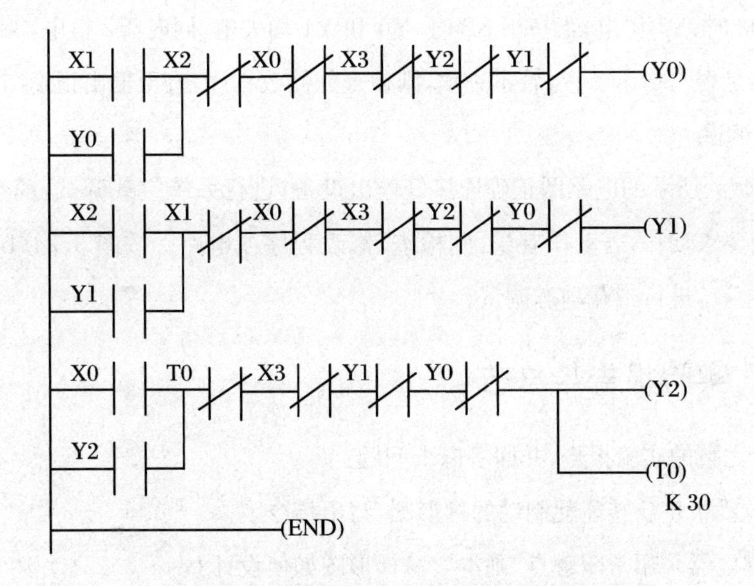

图 3.23　电动机正反转能耗制动梯形图

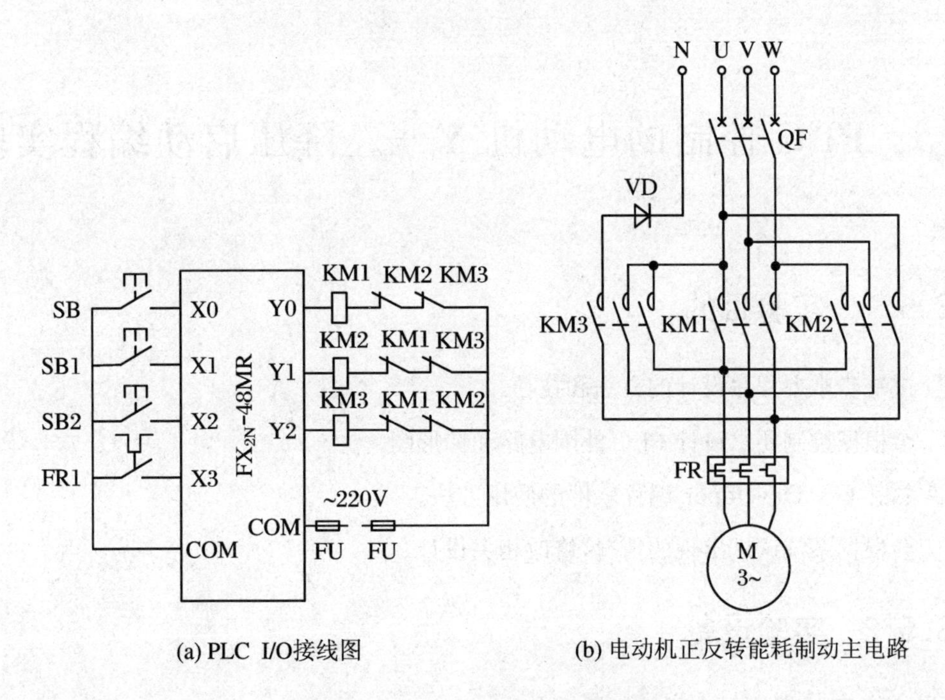

(a) PLC I/O接线图　　(b) 电动机正反转能耗制动主电路

图 3.24　电动机正反转能耗制动接线图

(2) 静态调试

按图 3.24 所示的电路图正确连接好输入设备，进行静态调试。当按下 SB1 时，Y0 得

电；当按下SB2时，Y1得电；当按下SB时，Y0和Y1均失电，同时Y2得电，3 s后Y2失电。观察仿真结果是否与指示一致，若不一致，则检查并修改程序，直至输出正确结果。

(3) 动态调试

按图3.24(a)所示的电路图正确连接好输出设备，进行系统空载调试，观察交流接触器是否能按控制要求动作，若动作有误，则检查、修改程序或电路。按图3.24(b)所示连接主电路，并仔细检查，进行带载动态调试。

3.4.4 实验报告与总结

写出一份完整的实验报告，并回答以下问题：

① 根据电动机正反转能耗制动的梯形图，写出指令表。

② 若热继电器采用常闭触点，则本实验梯形图如何设计？

③ 设计一个电动机的控制系统，要求正转时有能耗制动，反转时没有能耗制动。

3.5 PLC控制的电动机Y—△降压启动编程实验

3.5.1 实验目的

① 进一步掌握程序设计的方法和技巧。

② 会根据控制要求设计PLC外围电路和梯形图。

③ 熟悉GX Developer编程软件的使用方法。

④ 会根据系统调试出现的情况，修改相关设计。

3.5.2 实验设备

① 三菱FX_{2N}系列可编程控制器1台。

② 实验开关板1块。

③ 交流接触器模块3个。

④ 热继电器模块1个。

⑤ 指示灯模块 1 个。

⑥ 电动机 1 台。

⑦ 计算机 1 台。

⑧ 通信电缆 1 根。

⑨ 相关工具(如螺丝刀、导线等)。

3.5.3　实验内容与步骤

设计一个电动机自动 Y—△降压启动的控制系统。控制要求如下:按下启动按钮,电机星形联结接通(KM2 接触器闭合),主接触器(KM1)闭合,电机星形降压启动,启动期间要有闪光信号,闪光周期为 1 s。3 s 后星形联结断开(KM2 接触器断开),三角形联结接通(KM3 接触器闭合),要求有热保护和停止功能。

1. I/O 分配

根据控制要求,其 I/O 分配如表 3.3 所示。

表 3.3　I/O 地址分配表

输入地址	输入元件	功能说明	输出地址	输出元件	功能说明
X0	SB	停止按钮	Y0	KM1	电动机主接触器
X1	SB1	启动按钮	Y1	KM2	星形联结接触器
X2	FR1	热继电器常开触点	Y2	KM3	三角形联结接触器
			Y3	HL	启动指示灯

2. 梯形图程序设计

根据控制要求和 PLC 的 I/O 分配,其梯形图设计如下图 3.25 所示。

3. 系统接线图

根据系统控制要求,设计其系统接线图如图 3.26 所示。按图 3.26(a)所示连接 PLC 的输入和输出电路,并仔细检查。

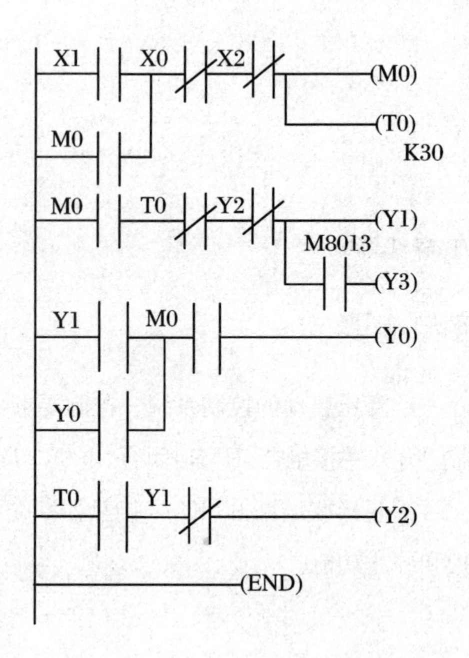

图 3.25 Y—△降压启动梯形图

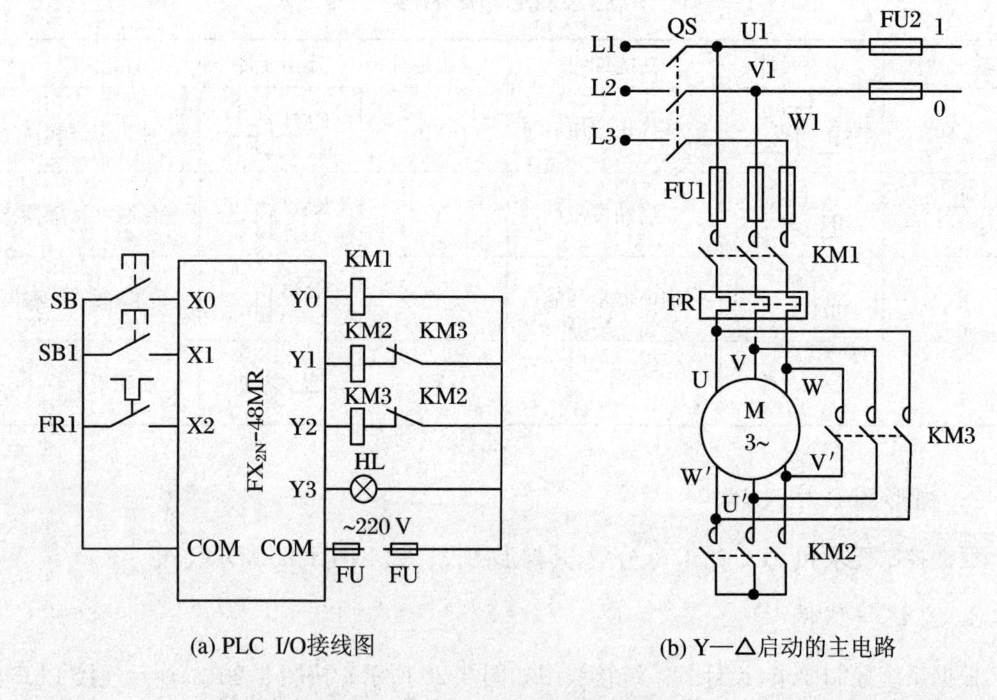

(a) PLC I/O接线图

(b) Y—△启动的主电路

图 3.26 Y—△降压启动系统接线图

4. 系统调试

(1) 输入程序

在计算机上打开GX Developer软件,按照前面2.2.2介绍,输入程序,并仔细检查。

(2) 软件仿真

在GX Developer工具栏选择“工具”——“梯形图逻辑测试启动”,参考前面2.2.4介绍,进行仿真调试。当X1闭合时,Y1、Y0得电,3 s后Y1失电,Y2得电,在Y1得电期间Y3闪烁3次。若闭合X2或X0时,Y0和Y2均失电。观察仿真结果是否与指示一致,若不一致,则检查并修改程序,直至输出正确结果。

(3) 传输程序

用编程电缆将计算机与PLC进行连接,将PLC的运行开关拨到“STOP”位置,将仿真调试后的程序下装到PLC中。下装完成后,再将PLC的运行开关拨到“RUN”位置。

(4) 动态调试

按图3.26(a)所示的电路图正确连接好输入、输出设备(若无AC 220 V的指示灯,Y3可不接),进行系统空载调试,观察交流接触器是否能按控制要求动作,并通过计算机进行监视,若动作有误,则检查、修改程序或电路。按图3.26(b)所示连接主电路,并仔细检查,进行带载动态调试。

3.5.4 实验报告与总结

写出一份完整的实验报告,并回答以下问题:

① 总结实训操作过程中所出现的现象。

② 比较采用M8013产生的时序脉冲和定时器组成的多谐振荡电路产生的时序脉冲的异同。

③ 给电动机Y—△降压启动的梯形图加上必要的注释。

3.6 PLC主控指令编程实验

3.6.1 实验目的

① 掌握主控指令MC和MCR的编程使用方法。

② 进一步熟悉GX Developer编程软件的使用方法。

3.6.2 实验设备

① 三菱FX_{2N}系列可编程控制器1台。

② 实验开关板1块。

③ 指示灯5个。

④ 计算机1台。

⑤ 通信电缆1根。

⑥ 相关工具(如螺丝刀、导线等)。

3.6.3 实验内容与步骤

1. 主控指令基本练习

① 按图3.27(a)所示,连接PLC I/O接线图。

② 打开GX Developer软件,输入如图3.27(b)所示的梯形图。

③ 在GX Developer工具栏选择“工具”——“梯形图逻辑测试启动”,进行仿真调试,观察输出结果。按下按钮SB3和SB1,Y0得电,指示灯HL1开始闪烁,闪烁周期为1s;按下按钮SB3、SB2和SB4,Y1得电,指示灯HL2开始闪烁,闪烁周期为2s。注意:这里当多个主控触点嵌套时,只有第一个主控触点接通后第二个主控触点才能接通,依次类推。

④ 传输程序。用编程电缆将计算机与PLC进行连接,将PLC的运行开关拨到“STOP”位置,将仿真调试后的程序下装到PLC中,下装完成后,再将PLC的运行开关拨到“RUN”位置。

⑤ 动态调试。按图 3.27(a)所示的电路图正确连接好输入、输出设备,观察指示灯是否能按控制要求动作,并通过计算机进行监视,若动作有误,则检查、修改程序或电路。

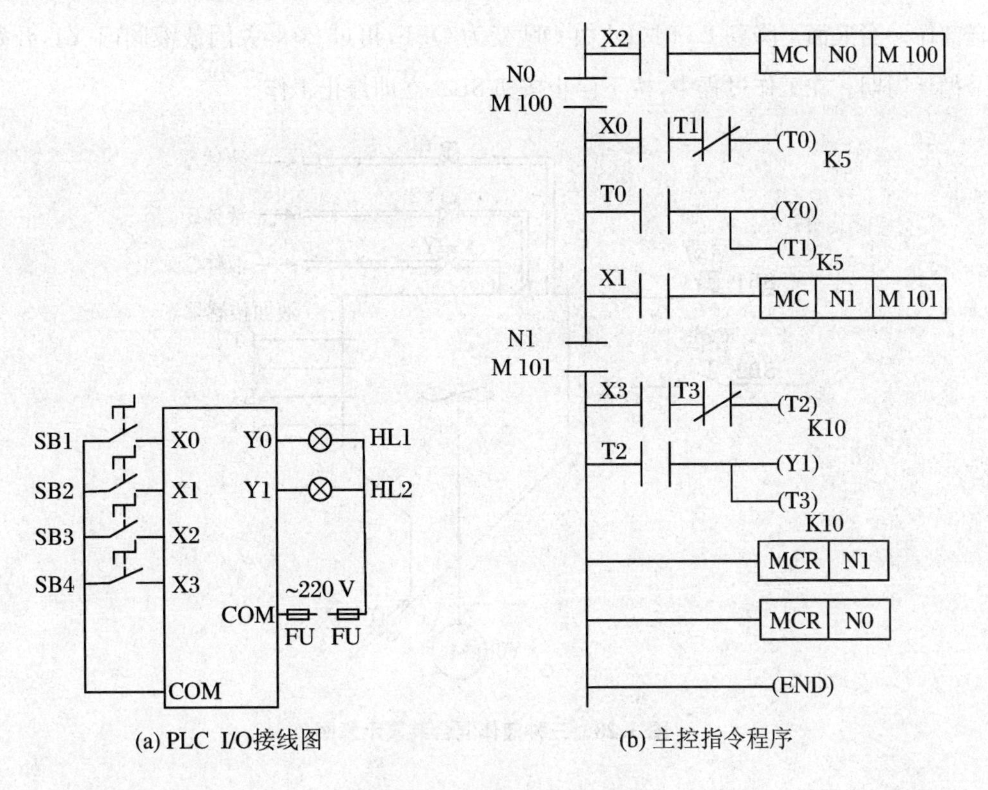

(a) PLC I/O接线图　　(b) 主控指令程序

图 3.27　主控指令基本练习

2. 主控指令应用——多种液体自动混合的 PLC 控制

(1) 控制要求

图 3.28 所示为 3 种液体混合装置的示意图,L1、L2、L3、L4 为液面传感器,液面淹没时接通;3 种液体的输入和混合液体的输出分别由电磁阀 Y1、Y2、Y3、Y4 控制;搅拌电动机 M 由 Y0 控制。其工作要求如下:

1) 初始状态

容器是空的,4 个阀门均关闭(Y1 = Y2 = Y3 = Y4 = OFF),4 个液面传感器处于断开状态(L1 = L2 = L3 = L4 = OFF),搅拌电动机 M 处于停止状态(Y0 = OFF)。

2) 启动操作

按下启动按钮 SB1,液体 A 阀门打开,放入液体 A。当液面至 L3 位置时,L3 = ON,关闭液体 A 阀门,打开液体 B 阀门,放入液体 B。当液面到达 L2 位置时,L2 = ON,关闭阀门

B,打开液体C阀门,液体C开始流入容器。当液面到达L1位置时,L1 = ON,关闭液体C阀门,电动机M开始搅拌。经过一段时间,液体搅匀后电动机停止,打开放液阀门Y4,放出混合液体。当液面下降到L4时,L4由ON变为OFF,再过20 s,关闭放液阀门Y4,开始下一个循环周期。在工作过程中,按下停止按钮SB2,立即停止工作。

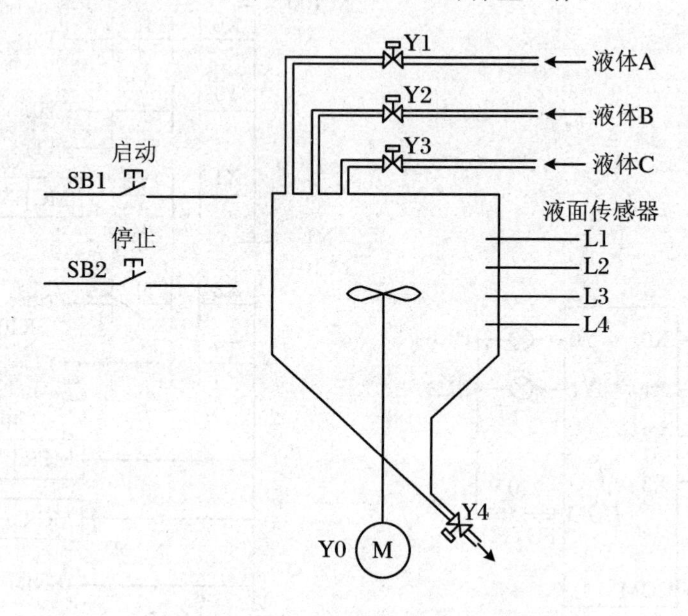

图 3.28 三种液体混合装置示意图

(2) I/O分配及硬件设计

为了用PLC控制器来实现上述液体混合装置的控制要求,首先要确定所需要的用户输入设备和输出设备,然后据此进行I/O分配,选择元器件,并设计PLC外部接线。地址分配如表3.4所示。

表 3.4 I/O地址分配表

输入地址	功能说明	输出地址	功能说明
X0	启动按钮SB1	Y0	搅拌电动机
X1	停止按钮SB2	Y1	液体A电磁阀门
X2	L1液面传感器	Y2	液体B电磁阀门
X3	L2液面传感器	Y3	液体C电磁阀门
X4	L3液面传感器	Y4	混合液体放液电磁阀门
X5	L4液面传感器		

如果实验室条件有限，可以用按钮开关来替代液面传感器 L1～L4，液体阀门 Y1～Y4 的打开与关闭以及搅拌电动机 Y0 的运行与停止都可以用指示灯代替。

(3) 程序设计

根据控制要求进行液体自动混合装置的程序设计，编写相应的梯形图，如图 3.29 所示。

(4) 实验步骤

① 按照表 3.4 所示的 I/O 地址分配表，完成 PLC 控制系统的 I/O 接线图，如图 3.30 所示。

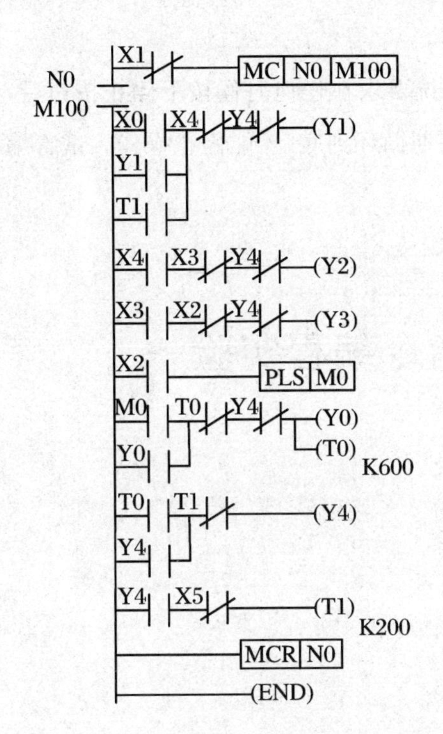

图 3.29　液体自动混合控制系统梯形图

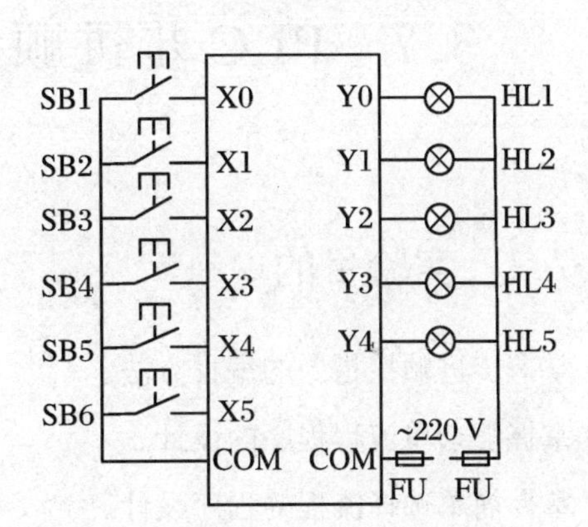

图 3.30　液体自动混合控制系统 I/O 接线图

② 打开 GX Developer 软件，输入如图 3.29 所示的梯形图。

③ 在 GX Developer 工具栏选择“工具”——“梯形图逻辑测试启动”，进行仿真调试，观察输出结果。如果输出结果和控制要求不一致，则修改程序直至和控制要求相符合。

④ 传输程序。用编程电缆将计算机与 PLC 进行连接，将 PLC 的运行开关拨到“STOP”位置，将仿真调试后的程序下装到 PLC 中，下装完成后，再将 PLC 的运行开关拨到“RUN”位置。

⑤ 动态调试。在 PLC 上运行程序。按下启动按钮 SB1，然后按照“液面达到 L3→液面

达到L2→液面达到L1→液面下降到L4”的顺序操作模拟开关,并观察程序的运行情况。用指示灯点亮与熄灭来模拟电磁阀和电机的开关动作,如果结果不一致,则关闭电源,检查并修改程序和电路,排除故障后再通电调试,直至符合要求。

3.6.4 实验报告与总结

写出一份完整的实验报告,并回答以下问题:

① 总结实训操作过程中发生的问题、故障及解决办法。

② 写出实验所用程序的指令表。

③ 为了不造成浪费,液体自动混合装置控制系统要求在任何时候按下停止按钮后,都要将当前容器内的液体混合工作处理完毕即当前周期循环到底,才能停止操作。试着编写其程序。

3.7 PLC步进顺控指令编程实验一

3.7.1 实验目的

① 掌握步进顺控指令的编程方法。

② 掌握复杂单流程程序的设计。

③ 掌握简单选择流程的程序设计。

3.7.2 实验设备

① 三菱 FX_{2N} 系列可编程控制器1台。

② FX-20P-E型手持式编程器1台。

③ 实验开关板1块。

④ 指示灯3个。

⑤ 相关工具(如螺丝刀、导线等)。

3.7.3　实验内容与步骤

1. 单流程编程实验

① 按图3.31(a)连接PLC的外部I/O接线图。

② 将图3.31(b)所示的状态转移图换成顺控步进指令，并通过手持编程器写入PLC。

③ 使PLC处于运行状态，观察运行结果。

PLC上电后，PLC进入S0状态。当按下按钮SB1，转入状态S20，Y0指示灯亮，1 s以后如果不按停止按钮SB2，则进入状态S21。Y0指示灯灭，Y1指示灯亮，1 s以后进入状态S22。Y1指示灯灭，Y2指示灯亮，1 s后Y2灭，完成一个循环。

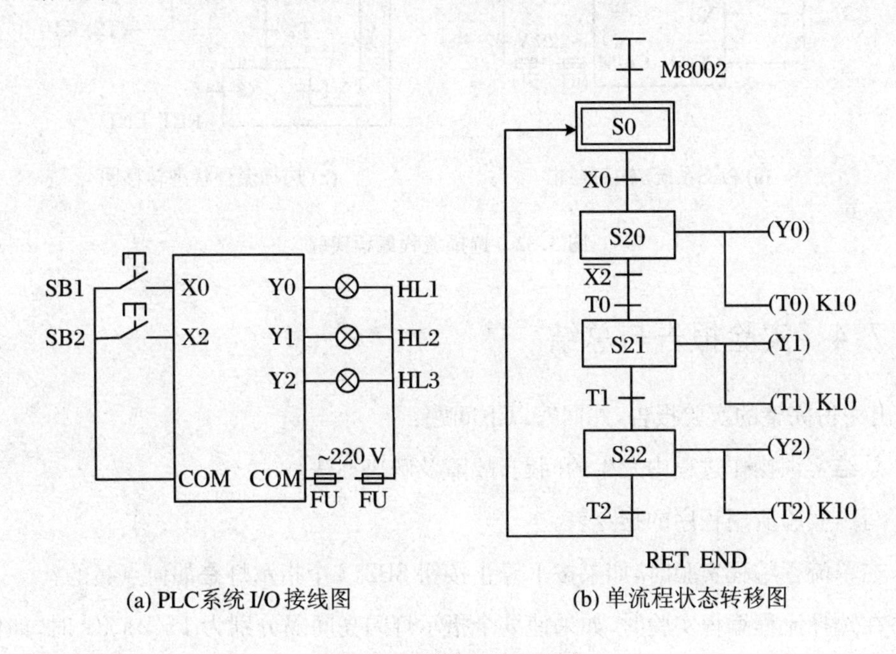

(a) PLC系统I/O接线图　　(b) 单流程状态转移图

图3.31　单流程编程实验

2. 选择流程编程实验

① 按图3.32(a)连接PLC的外部I/O接线图。

② 将图3.32(b)所示的状态转移图换成顺控步进指令，并通过手持编程器写入PLC。

③ 使PLC处于运行状态，观察运行结果。该状态转移图有两种工作模式，如果闭合SA2，则属于单循环模式，3个指示灯循环点亮一遍然后停止。如果闭合SA1，则属于连续循环模式，3个指示灯循环点亮。

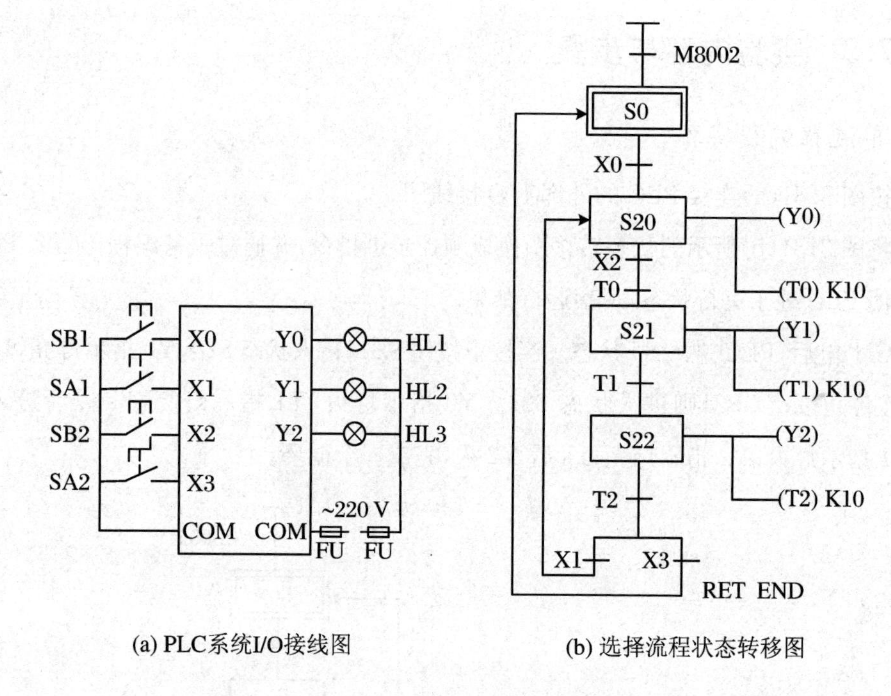

(a) PLC系统I/O接线图　　(b) 选择流程状态转移图

图 3.32　选择流程编程实验

3.7.4　实验报告与总结

写出一份完整的实验报告，并回答以下问题：

① 总结实训操作过程中发生的问题、故障及解决办法。

② 写出实验所用程序的指令表。

③ 在单流程编程实验时，如果按下停止按钮SB2，3个指示灯是如何点亮的？

④ 在选择流程编程实验时，如果使3个指示灯闪亮间隔分别为1 s、2 s、3 s时，如何修改程序？

⑤ 在步进顺控编程中“SET S20”和“OUT S20”有何不同？

3.8　PLC步进顺控指令编程实验二

3.8.1　实验目的

① 掌握并行流程程序的用法。

② 掌握设计并行流程状态转移图的基本方法和技巧。

③ 掌握DX Developer编程软件编辑、仿真状态转移图的方法。

3.8.2　实验设备

① 三菱FX_{2N}系列可编程控制器1台。

② 实验开关板1块。

③ 指示灯6个。

④ 计算机1台。

⑤ 通信电缆1根。

⑥ 相关工具(如螺丝刀、导线等)。

3.8.3　实验内容与步骤

设计一个十字路口交通灯的PLC控制系统,控制要求如下:自动运行时,按一下启动按钮,信号灯系统按图3.33所示要求开始工作(绿灯闪烁的周期是1s);按一下停止按钮,所有信号灯都熄灭;手动运行时,两方向的黄灯同时闪动,周期是1s。实验步骤如下:

南北向　红灯亮 10s　绿灯亮 5s　绿灯闪 3s　黄灯亮 2s

东西向　绿灯亮 5s　绿灯闪 3s　黄灯亮 2s　红灯亮 10s

图3.33　交通灯系统自动运行工作示意图

1. I/O地址分配

根据控制要求,其I/O分配为X0:自动位启动按钮;X1:手动开关;X2:停止按钮;Y0:

东西向绿灯;Y1:东西向黄灯;Y2:东西向红灯;Y3:南北向绿灯;Y4:南北向黄灯;Y5:南北向红灯。绘制 I/O 接线图如图 3.34 所示。

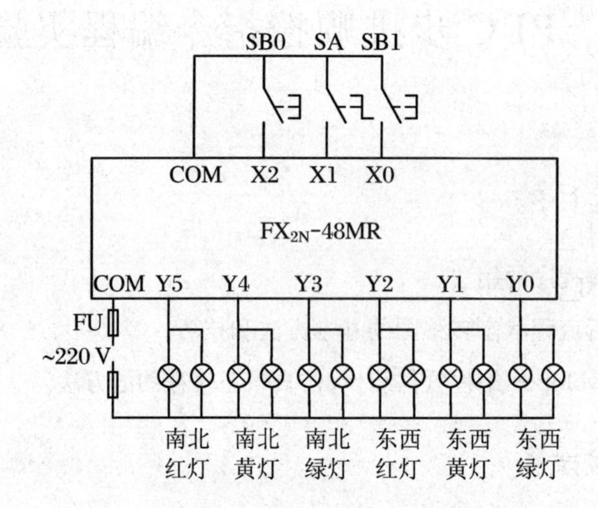

图 3.34 PLC 系统 I/O 接线图

2. 顺序功能图程序设计

根据交通灯控制要求,绘制出其工作时序图,如图 3.35 所示。由时序图可知,东西方向和南北方向各信号灯是两个同时进行的独立顺序控制过程,是一个典型的并行性流程控制程序。顺序功能图如图 3.36 所示。

3. I/O 接线

按图 3.34 所示,完成 PLC 控制系统的 I/O 接线并仔细检查。

4. 系统调试

(1) 输入程序

在计算机上打开 GX Developer 软件,按照 2.2.3 介绍,输入如图 3.36 所示的程序,并仔细检查。

(2) 软件仿真

在 GX Developer 工具栏选择工具——梯形图逻辑测试启动,进行仿真调试。观察仿真结果是否与控制要求一致,若不一致,则检查并修改程序,直至输出正确结果。

(3) 传输程序

用编程电缆将计算机与 PLC 进行连接,将 PLC 的运行开关拨到“STOP”位置,将仿真

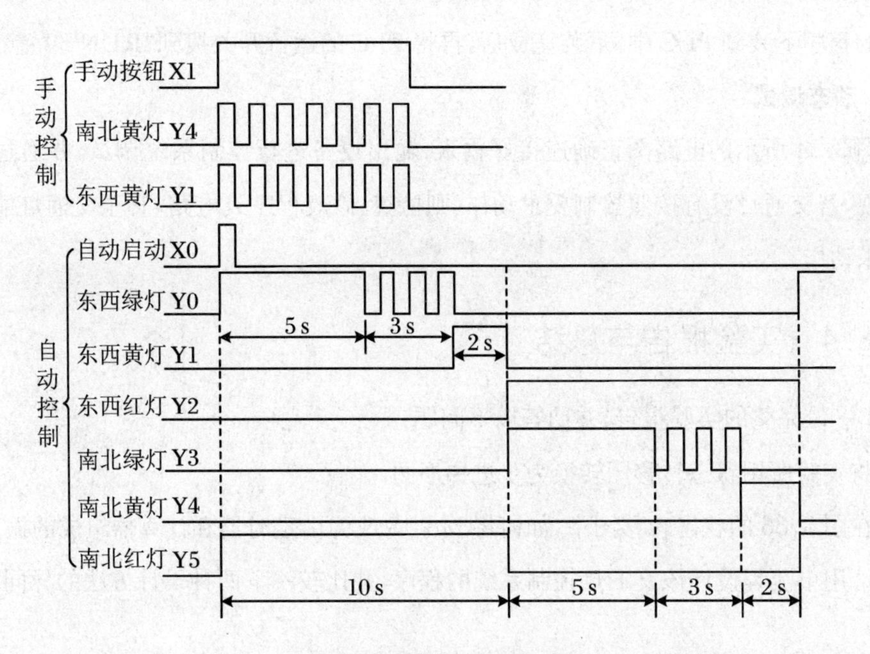

图 3.35　交通灯工作时序图

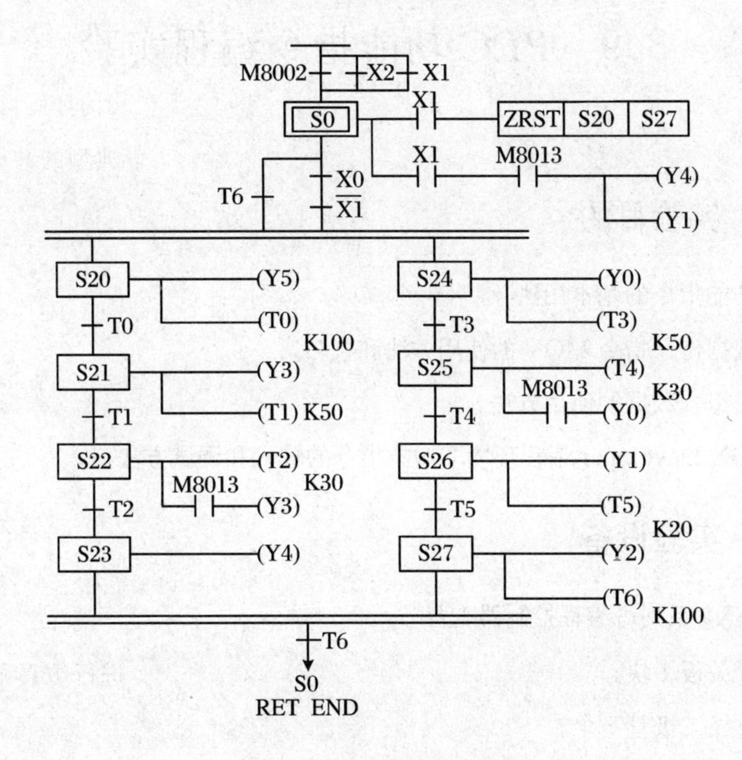

图 3.36　交通灯顺序功能图

调试后的程序下装到PLC中，下装完成后，再将PLC的运行开关拨到“RUN”位置。

(4) 动态调试

按图3.34所示的电路图正确连接好输入、输出设备进行控制系统调试，并通过计算机进行监视，若交通灯没有按照控制要求动作，则检查、修改程序或电路，直至交通灯能够按照控制要求动作。

3.8.4 实验报告与总结

写出一份完整的实验报告，并回答以下问题：

① 将实验所用状态转移图转换为步进梯形图。

② 在图3.36的状态转移图中，如何将M8013改为由定时器和计算器组成的振荡电路？

③ 请用单流程设计该交通灯控制系统的程序，并比较一下两种设计方法的异同。

3.9 PLC功能指令编程实验

3.9.1 实验目的

① 掌握功能指令的基本用法。

② 熟悉数据传送指令MOV的使用方法和技巧。

③ 熟悉位组合数据的使用方法。

④ 熟悉GX Developer编程环境下功能指令的输入和调试方法。

3.9.2 实验设备

① 三菱FX_{2N}系列可编程控制器1台。

② 实验开关板1块。

③ 彩色发光二极管7个。

④ 指示灯3个。

⑤ 计算机1台。

⑥ 通信电缆1根。

⑦ 相关工具(如螺丝刀、导线等)。

3.9.3　实验内容与步骤

1. 电动机Y—△降压启动

(1) 控制及实验要求

如图3.26(b)为电动机Y—△降压启动的主电路，现用功能指令完成PLC控制系统程序设计。图3.37(a)为PLC控制系统接线图，图3.37(b)为PLC控制程序梯形图。试理解该程序，并按照以下步骤完成实验，验证程序的正确性。如果实验室条件有限，可以用指示灯HL1～HL3替代接触器KM1～KM3，用按钮SB3代替热继电器的常开触点。

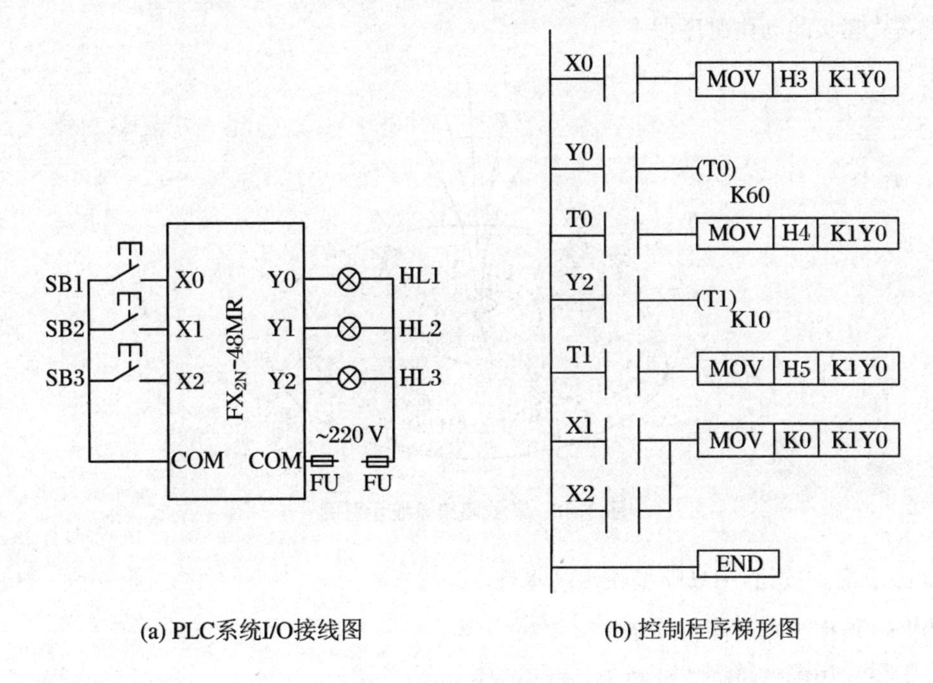

(a) PLC系统I/O接线图　　　(b) 控制程序梯形图

图3.37　PLC控制系统

(2) 实验步骤

① 按图3.37(a)完成PLC控制系统的I/O接线，并仔细检查，SB1为启动按钮，SB2为停止按钮。

② 输入程序。在计算机上打开GX Developer软件，输入如图3.37(b)所示的程序，并仔细检查。

③ 软件仿真。在 GX Developer 工具栏选择“工具”——“梯形图逻辑测试启动”，进行仿真调试。观察仿真结果是否与控制要求一致，若不一致，则检查并修改程序，直至输出正确结果。

④ 传输程序。用编程电缆将计算机与 PLC 进行连接，将 PLC 的运行开关拨到“STOP”位置，将仿真调试后的程序下装到 PLC 中，下装完成后，再将 PLC 的运行开关拨到“RUN”位置。

⑤ 动态调试。按图 3.37(a)所示的电路图正确连接好输入、输出设备进行控制系统调试，并通过计算机进行监视，若指示灯没有按照控制要求动作，则检查、修改程序或电路，直至指示灯能够按照控制要求动作。

2. 花式喷泉控制系统

(1) 控制要求

花式喷泉系统示意图如图 3.38 所示，喷水池中央喷嘴为高水柱，周围为低水柱式喷嘴。先要求花式喷泉的动作时序如下。

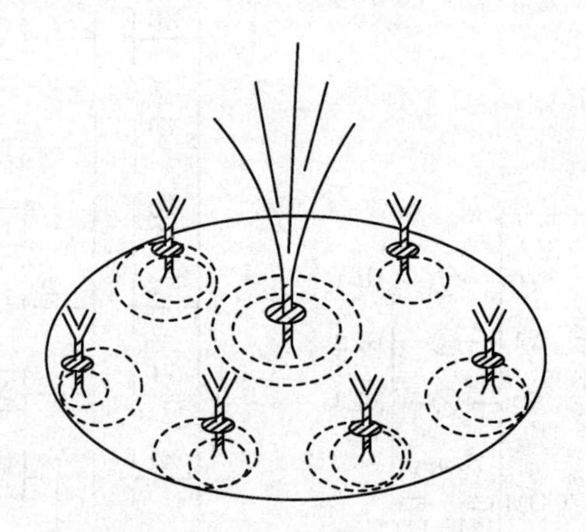

图 3.38 花式喷泉系统示意图

① 按下启动按钮，中央喷嘴喷出高水柱。

② 3 s 后，中央喷嘴停止喷水。

③ 1 s 后，周围喷嘴低水柱喷水。

④ 2 s 后，周围喷嘴低水柱停止喷水。

⑤ 1 s 后，中央和周围喷嘴同时喷水。

⑥ 1 s 后，中央和周围喷嘴停止喷水。

⑦ 再过 1 s 后，中央喷嘴喷出高水柱，重复上述②～⑦过程。

⑧ 按下停止按钮，喷泉停止工作。

(2) I/O分配及硬件设计

用PLC控制器来实现花式喷泉的控制要求，首先要确定所需要的用户输入设备和输出设备，然后据此进行I/O分配，选择元器件，并设计PLC外部接线。地址分配如表3.5所示。

表3.5 I/O地址分配表

输入地址	功能说明	输出地址	功能说明
X0	启动按钮SB1	Y0	中央喷嘴电磁阀
X1	停止按钮SB2	Y1	周围喷嘴电磁阀

如果实验室条件有限，电磁阀Y0、Y1的打开与关闭都可以用指示灯的点亮与熄灭来代替。

(3) 程序设计

根据控制要求进行花式喷泉控制系统的软件设计，编写梯形图程序，如图3.39所示。

(4) 实验步骤

① 按照表3.5所示的I/O地址分配表，完成PLC控制系统的I/O接线图，如图3.40所示。

② 打开GX Developer软件，输入如图3.39所示的梯形图。

③ 在GX Developer工具栏选择“工具”——“梯形图逻辑测试启动”，进行仿真调试，观察输出结果。如果输出结果和控制要求不一致，则修改程序直至和控制要求相符合。

④ 传输程序。用编程电缆将计算机与PLC进行连接，将PLC的运行开关拨到“STOP”位置，将仿真调试后的程序下装到PLC中，下装完成后，再将PLC的运行开关拨到“RUN”位置。

⑤ 动态调试。在PLC上运行程序。按下启动按钮SB1，观察指示灯的动作结果和控制要求是否一致。如果结果不一致，则关闭电源，检查并修改程序和电路，排除故障后再通电调试，直至符合要求。

3.9.4 实验报告与总结

写出一份完整的实验报告，并回答以下问题：

① 总结实验中发现的问题、错误及解决方法。

② 将本次试验的电动机Y—△降压启动的梯形图和3.5节的电动机Y—△降压启动的梯形图进行对比，并分析两种编程的优缺点。

③ 若喷泉PLC控制系统要求增加单周期、连续、单步控制方式的选择，试编制程序实现此控制要求。

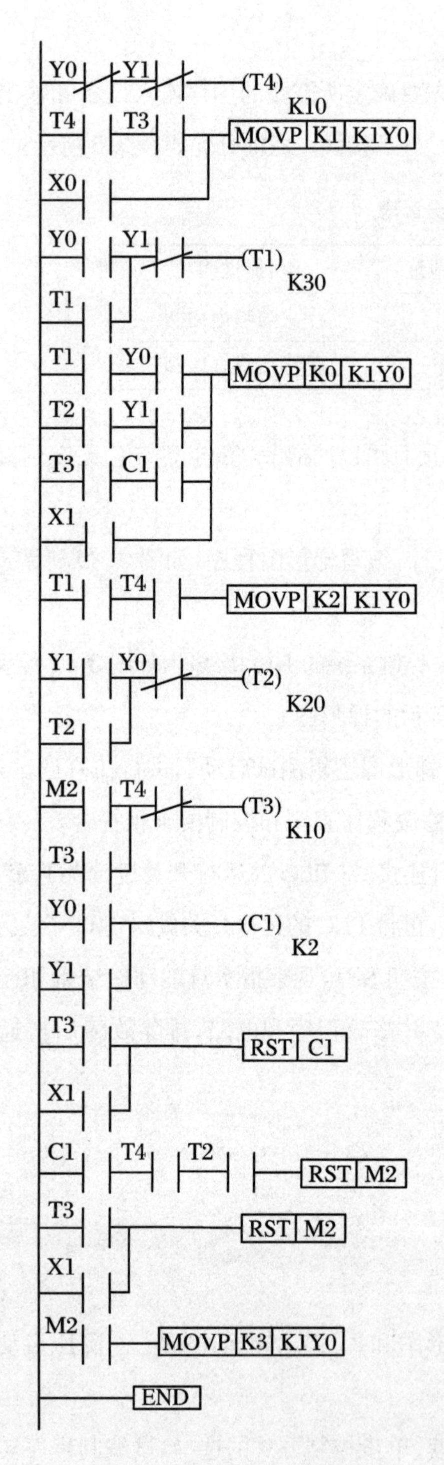

图 3.39 花式喷泉系统梯形图

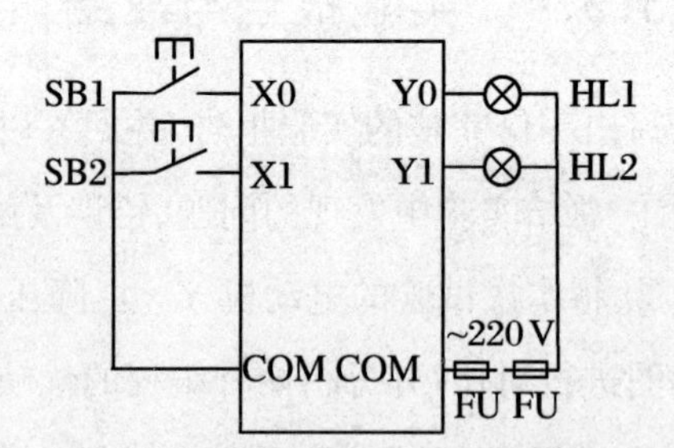

图 3.40 花式喷泉系统 I/O 接线图

第4篇　PLC课程设计

4.1　课程设计的目的和要求

4.1.1　课程设计的目的

课程设计的主要目的，是通过某一生产设备的电气控制装置的设计实践，掌握一般电气控制设计过程、设计要求、应完成的工作内容和具体设计方法。通过设计也有助于复习、巩固以往学习的内容，达到灵活应用的目的。电气设计必须满足生产设备和生产工艺的要求，因此，设计之前必须了解设备的用途、结构、操作要求和工艺过程，在此过程中培养从事设计工作的整体观念。

“机床电气控制与PLC”课程设计是在完成该门课程的理论与实验教学之后进行的，实训过程的目的在于让学生在面对具体的工程问题时，能够分析其工艺流程与控制要求、拟订控制方案、选择合适的机床电气元件和PLC、设计电气控制电路、编制程序与运行调试，从而能应用机床电气控制与PLC技术来解决以顺序、开关逻辑控制为主的一般机床电气工程的应用与设计问题。

课程设计强调以能力培养为主，在独立完成设计任务的同时要注意多方面能力的培养与提高，主要包括以下几方面：

① 综合运用专业及基础知识，解决实际工程技术问题的能力。

② 查阅资料及调研的能力。

③ 工程绘图能力。

④ 撰写技术报告和编制技术资料的能力。

4.1.2 课程设计的要求

学生在进行课程设计的过程中，应该遵从以下要求：

① 在接受设计任务并选定课题后，应根据设计要求和应完成的设计内容，拟订设计任务书和工作进度计划，确定各阶段应完成的工作量，妥善安排时间。

② 在确定方案的过程中应积极思考并主动提出问题，以取得指导教师的帮助，在此阶段提倡广泛讨论，做到思路开阔，依据充分。

③ 按照机床电气控制与PLC的控制系统设计步骤及设计要点，根据具体课题任务及要求，进行控制系统的设计、编程、调试与运行。

④ 掌握在PC机上，使用三菱公司的GX Developer(或FXGPW1N)编程软件来编制PLC应用程序，并下载到PLC中进行调试、运行。

⑤ 按以上设计步骤与设计要求编制出以下资料。

工程图纸：

a. 工艺流程图及外部信号分布图(手工绘图)；

b. PLC电气控制系统外部接线图(手工绘图)。

课程设计说明书：要求文字通顺、字迹工整、2000～3000字、图文并茂。其中，课程设计论文大纲要求如下。

a. 项目概述；

b. 主要功能与技术要求；

c. 设计方案论证；

d. PLC控制系统的设计(I/O分析、PLC选型、存储容量核算、外部电路及接线设计、梯形图与程序设计等)；

e. 调试与运行；

f. 结论与体会。

4.2　PLC 控制系统设计原则及步骤

4.2.1　PLC 控制系统设计的基本原则

① 最大限度地满足工艺流程和控制要求。工艺流程的特点及要求是开发 PLC 控制系统的主要依据。设计前，应深入现场进行调查研究，收集资料，明确控制任务。

② 监控参数、精度要求的指标以满足实际需要为准，不宜过多、过高，力求使控制系统简单、经济、使用及维修方便，并可降低系统的复杂性和开发成本。

③ 保证控制系统的运行安全、稳定、可靠。正确进行程序调试、充分考虑环境条件。选用可靠性较高的 PLC、定期对 PLC 进行维护和检查等都是很重要和必不可少的。

④ 考虑到生产的发展和工艺的改进，在选择 PLC 容量时，应适当留有余量。

4.2.2　PLC 控制系统设计的基本步骤

① 首先要分析控制任务，了解被控对象的工艺流程，画出工艺流程图。

② 确定 PLC 的输入、输出信号的类型、点数，正确选择输入、输出模块的规格、型号；根据主电路如电机、电磁阀的容量及操作要求，合理选择配电、保护和控制电器。

③ 进行必要的计算，合理选择低压电器及 PLC 的类型和容量等。

④ 编制 I/O 分配表及所用到的 PLC 内部有关如时间继电器、计数器、中间继电器等元件的地址编号表。

⑤ 画出梯形图或顺序控制流程图(SFC 状态流程图)、步进梯形图和外部接线图等。

⑥ 按照梯形图用助记符语言编程或按顺序控制流程图用步进顺控指令方法编制 PLC 应用程序。编程可手动编程也可按制造厂提供的编程软件平台，输入梯形图在 PC 机上自动编程。

⑦ 用手持式编程器或 PC 机通过 RS－232 串行通信口，将编制好的程序写入到 PLC 的存储器中。先接上专用 RS－232 通信电缆，一端连接 PLC，一端连接 PC 机 9 芯插头，设置好异步串行通信参数(如传送位数、通信速率等)，即可下载程序至 PLC。

⑧ 进行实验室模拟调试,输入可用按钮、开关或模拟信号等代替现场采集到的信号,输出负载用信号灯等代替,其目的是验证用户程序的控制逻辑是否符合工艺要求。

⑨ 进行 PLC 主电路及外部配套电路设计,如 PLC 和各类负载供电电源、外部主电路及控制继电器连锁电路设计等,以及控制柜、外部接线等设计。

⑩ 现场运行调试。先不带载,只带接触器线圈与信号灯进行分段、分级调试。正常后,再带实际负载运行,最后固化程序存在 PLC 的 EEPROM 中。然后考机运行,时间约七十二小时。主要考核系统稳定性、抗干扰性等。

4.2.3 PLC 选型要点

(1) PLC 容量估算

1) 估算 I/O 点数(开关量与模拟量分别统计)

在实际点数基础上再加上 15%～20%的备用量,以备工艺改进和扩充需要。

2) 估算存储量

小型 PLC 内存约 2 KB,中型约 2～8 KB,大型则 8 KB 以上。内存容量经验估算方法如下。

开关量输入:存储器字节数＝输入点数×10;

开关量输出:存储器字节数＝输入点数×8;

定时器/计数器:存储器字节数＝定时器/计数器数量输入点数×2;

模拟量:存储器字节数＝模拟量通道数×100;

通信接口:存储器字节数＝通信接口数目×300。

由于用户程序的编制与系统控制的复杂程度以及算法、程序结构等因素,使得 PLC 容量的估算很难精确,一般要加大 15%～20%的余量。

(2) PLC 功能选择

各公司生产的 PLC 功能配置不尽相同,应以“够用”为原则去选择,一般工业顺序控制只需要具有逻辑运算、定时器/计数器等基本功能就可完成任务。如果是工业过程控制或数控机床、机器人等控制,则需要选 A/D、D/A 转换模块,PID 控制模块或运动控制定位模块。这些模块位数愈多,其分辨率与精度愈高,价格也就愈高。至于扫描速度、指令功能、抗干扰功能等随着计算机技术的发展,对一般中小型工业控制都能满足要求,根据需要进行选择,一般 8 位就够用了。

(3) 选择 I/O 模块

I/O 模块的价格占到 PLC 总价的一半以上,不同的 I/O 模块的性能及电路均不同,必

须根据需要合理选择。

1）输入模块的选择

输入模块分为数字量和模拟量两种。数字量又分直流、交流和脉冲三种；模拟量输入则分为电压和电流两种。PLC 工作电压一般为 5 V，以数字方式（二进制）工作。所以从外部输入的模拟信号必须先转换成标准信号（0～10 mA、4～20 mA、0～10 V），再通过 A/D 转换器转换成数字信号输入 PLC。如果模拟量点数多，还要通过扫描采样开关电路，再接入A/D 转换器，以节约硬件资源、提高可靠性。

2）输出模块选择

输出模块分为三种方式：继电器输出（R）、晶体管输出（T）和双向晶闸管输出（S），要根据驱动的最终负载特性进行选择。例如，一般电动机或电磁阀启停、开关控制，控制频率不太高的可选择继电器输出模块；若驱动的是变频调速、频繁正反转的伺服电机，因其控制频率较高，则需选择晶体管输出模块。

4.2.4　PLC 控制系统的外电路及外部接线设计

外电路设计，主要指输入、输出设备（按钮、行程开关、限位开关、接触器、电磁阀等）与 PLC 的连接电路设计；各运行方式、主电路及联锁电路设计（自动、半自动、手动、连读、单步、单周期等）；电源电路设计（主电路供电、传感器、各负载电源等）；控制柜内电路及配线；外部接线、接地等设计。

外电路的设计原则一般和机床电气设计原则相同。例如，强弱电分开、高低电压分开和交直流分开，各设备要单独接地不可串接，大电流接点和线圈要有吸收和灭弧电路，以避免干扰波发射等。

4.3　课程设计任务分配

1. 课程设计分组

课程设计要根据班级的学生人数来确定分组情况，一般情况可安排 5～7 位同学组成一个设计小组，每组 2 台计算机，1 台 PLC。每组一个课题，各组指定组长 1 人，负责本小组课

题的设计方案论证、实验、设计及考勤。

2. 课程设计进度安排

周一上午:分配课题,讲解课程设计任务及课程设计要求。

周一下午:

① 讲解三菱公司的GX Developer编程软件的使用及下载到PLC的调试与运行方法。

② 同学自己在PC机上进行编程练习,并练习如何下载到PLC及运行的方法,认真体会编程软件的特点。

周二:在PC机上用GX Developer编程软件设计各课题的PLC梯形图程序,并下载到PLC中完成调试运行。每个同学必须独立思考可用不同方法试验,鼓励同组同学互相研讨但不可抄袭,否则以不及格论处。

周三:按PLC控制系统设计步骤完成设计,手工绘出工艺流程图,PLC控制系统连接图(除PLC输入输出图外,还要画出主电路、互锁电路、紧急停止控制电路、电源电路及控制面板图等)。

周四:完成2000～3000字的课程设计论文,要求图文并茂(一律用A4纸书写)。

周五:答辩,以课题小组为单位。根据题目的难度、论文质量、对课题的理解、实际操作以及回答问题的情况由答辩老师综合考评打分。

3. 课程设计地点及考勤

程序设计及验证在专门PLC实验室进行,要求每位同学穿鞋套、不准随地吐痰、乱扔垃圾。每天课程设计结束后,检查并整理好实验设备,组织同学打扫卫生,最后离开实验室的同学要注意关好门窗、断水、断电。绘图及论文的撰写由教务处另行安排教室。

课程设计从周一至周五全天进行,时间按照学校作息时间。每天上、下午需签到,由班长及学习委员负责,各小组长协助。考勤情况最终纳入考核成绩。

4. 课程设计课题

有以下8个实训课题可供选用:

① PLC控制的天塔之光编程实训。

② 全自动洗衣机控制系统。

③ 四节皮带运输机控制系统。

④ 自动焊锡机PLC控制系统。

⑤ 双头钻床 PLC 控制系统。

⑥ 三层电梯 PLC 控制系统。

⑦ 自动售货机 PLC 控制系统。

⑧ C650 普通车床继电器—接触器控制系统的改造。

以上课题具体内容可参见本书 4.4 节至 4.11 节，选题时可根据设备及学生情况，在指导老师的指导下进行。

4.4 PLC 控制的天塔之光编程实训

4.4.1 实训目的

① 通过实际控制系统的建立，掌握应用 PLC 技术解决实际控制问题的思想和方法。

② 熟练掌握日本三菱公司 FX_{2N} 系列 PLC 的硬、软件功能及性能后，完成 PLC 的使用接线。

③ 掌握 PLC 程序的编制方法。

4.4.2 实训器材

① 可编程控制器 1 台（FX_{2N}—48MR）。

② 天塔之光控制板 1 块，如图 4.1 所示。

③ 实训控制台 1 个。

④ 电工常用工具 1 套。

⑤ 手持式编程器或计算机 1 台。

⑥ 连接导线若干。

4.4.3 实训要求

(1) 隔灯闪烁

L1、L3、L5、L7、L9 亮，1 s 后灭；接着 L2、L4、L6、L8 亮，1 s 后灭；再接着 L1、L3、L5、L7、

L9亮,1 s后灭……如此循环下去。

(2) 发射型闪烁

L1亮2 s后灭;接着L2、L3、L4、L5亮,2 s后灭;接着L6、L7、L8、L9亮,2 s后灭;再接着L1亮,2 s后灭……如此循环下去。

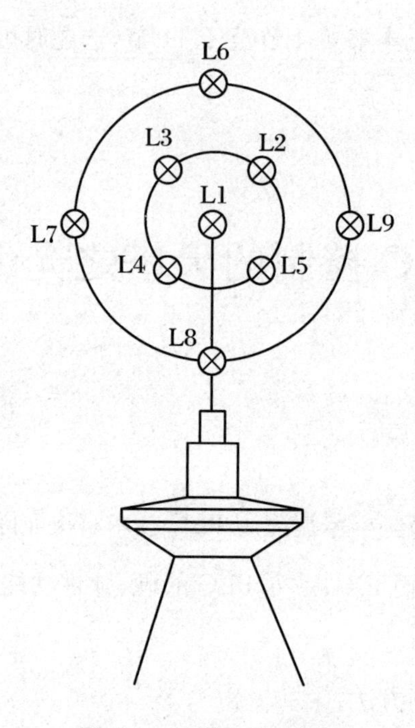

图4.1 天塔之光控制板

(3) 隔两灯闪烁

L1、L4、L7亮,1 s后灭;接着L2、L5、L8亮,1 s后灭;接着L3、L6、L9亮,1 s后灭;再接着L1、L4、L7亮,1 s后灭……如此循环下去。

按上述要求编制程序,并上机调试运行。

4.4.4 软件程序

1. I/O分配及连接

① 输入开关和输出模拟元件在控制板上均有,根据表4.1的I/O分配表与主机输入、输出端口进行相应连接。

表 4.1　灯光闪烁控制 I/O 分配表

输入		输出					
启动按钮	X0	L1	Y0	L2	Y1	L3	Y2
停止按钮	X1	L4	Y3	L5	Y4	L6	Y5
		L7	Y6	L8	Y7	L9	Y10

② 将电源模板上的 24 V 直流电源引到控制板上的 24 V 直流电源端。

2. 梯形图设计

根据控制要求及 PLC 的 I/O 分配，画出其梯形图如图 4.2 所示。

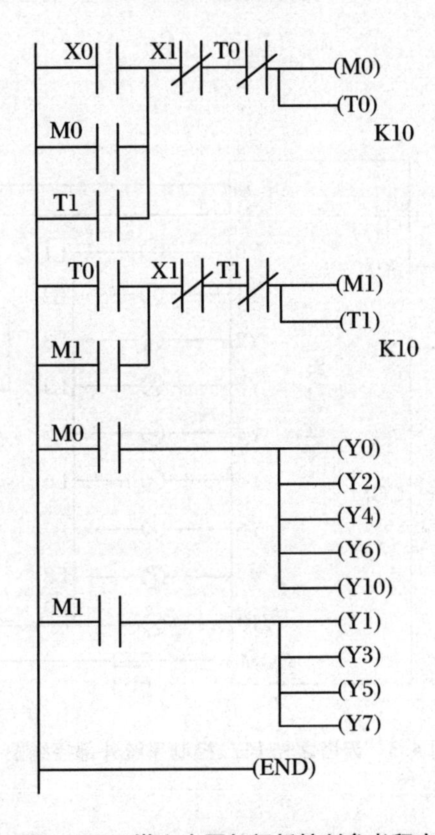

图 4.2　天塔之光隔灯闪烁控制参考程序

4.4.5　系统接线

根据天塔之光的控制要求，其 I/O 外部接线图如图 4.3 所示。

4.4.6 系统调试

① 输入程序,按前面介绍的程序输入方法,用手持式编程器(或计算机)正确输入程序。

② 静态调试,按图4.3所示的系统接线图正确连接好输入设备,进行PLC的模拟态调试,并通过手持式编程器(或计算机)监视。观察其是否与控制要求一致,若不一致,检查并修改、调试程序,直至指示正确。

③ 动态调试,按图4.3所示的系统接线图正确连接好输出设备,进行系统的动态调试,调试相应程序,观察指示灯能否按控制要求动作,并通过手持式编程器(或计算机)监视。观察其是否与控制要求一致,若不一致,检查线路或修改程序,直至指示灯能按控制要求动作。

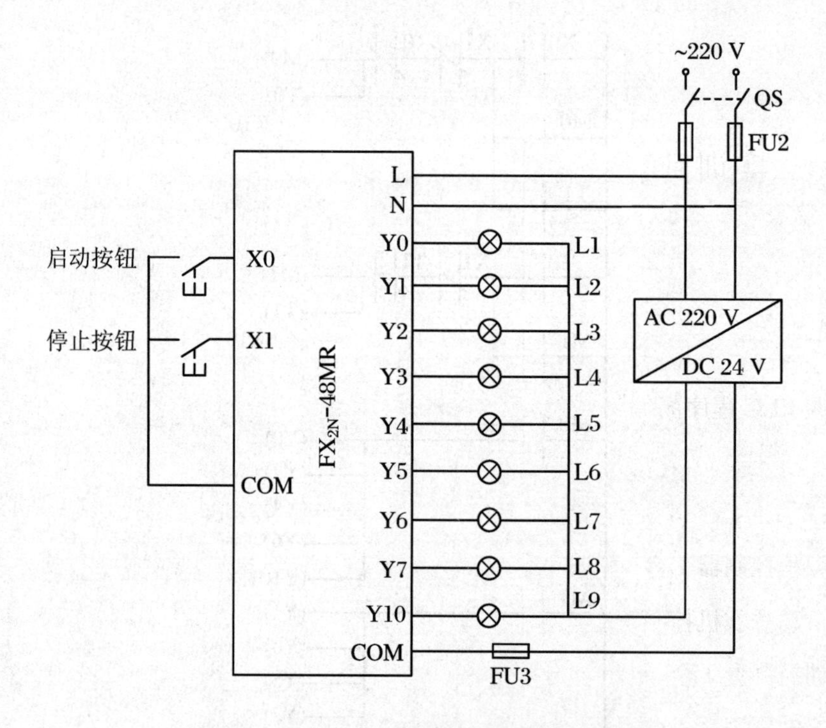

图4.3 天塔之光PLC控制系统外部接线图

4.4.7 实训报告

1. 实训总结

① 画工艺流程图,分析I/O性质,计算I/O点数、存储容量,PLC选型。

② 编写发射型闪烁和隔两灯闪烁的PLC程序(在PC机上编程并下载到PLC中)。

③ 运行并调试程序，完成调试记录。

④ 画 PLC 控制系统外部接线图（含主电路及供电图）。

⑤ 撰写课程设计论文。

2. 实训注意事项

① X0 启动按钮应选用自复式按钮。

② 各程序中的各输入、输出点应与外部实际 I/O 端口正确连接。

4.5　全自动洗衣机控制系统

4.5.1　实训目的

① 通过实际控制系统的建立，掌握应用 PLC 技术解决实际控制问题的思想和方法。

② 熟练掌握日本三菱公司 FX_{2N} 系列 PLC 的硬、软件功能和性能后，完成 PLC 的实用接线。

③ 掌握 PLC 程序的编制方法。

4.5.2　实训器材

① 可编程控制器 1 台（FX_{2N} - 48MR）。

② 全自动洗衣机控制板 1 块。

③ 实训控制台 1 个。

④ 电工常用工具 1 套。

⑤ 手持式编程器或计算机 1 台。

⑥ 连接导线若干。

4.5.3　实训要求

如图 4.4 所示，波轮式全自动洗衣机的洗衣桶（外桶）和脱水桶（内桶）是以同一中心安装的。外桶固定，作为盛水用，内桶可以旋转，作为脱水（甩干）用。内桶的四周有许多小孔，

使内、外桶的水流相通。

洗衣机的进水和排水分别由进水电磁阀和排水电磁阀控制。进水时,控制系统使进水电磁阀打开,将水注入外桶;排水时,使排水电磁阀打开将水由外桶排到机外。洗涤和脱水由同一台电机拖动,通过电磁离合器来控制,将动力传递给洗涤波轮或甩干桶(内桶)。电磁离合器失电,电动机带动洗涤波轮实现正、反转,进行洗涤;电磁离合器得电,电动机带动内桶单向旋转,进行甩干(此时波轮不转)。水位高低分别由高低水位开关进行检测。启动按钮用来启动洗衣机工作。

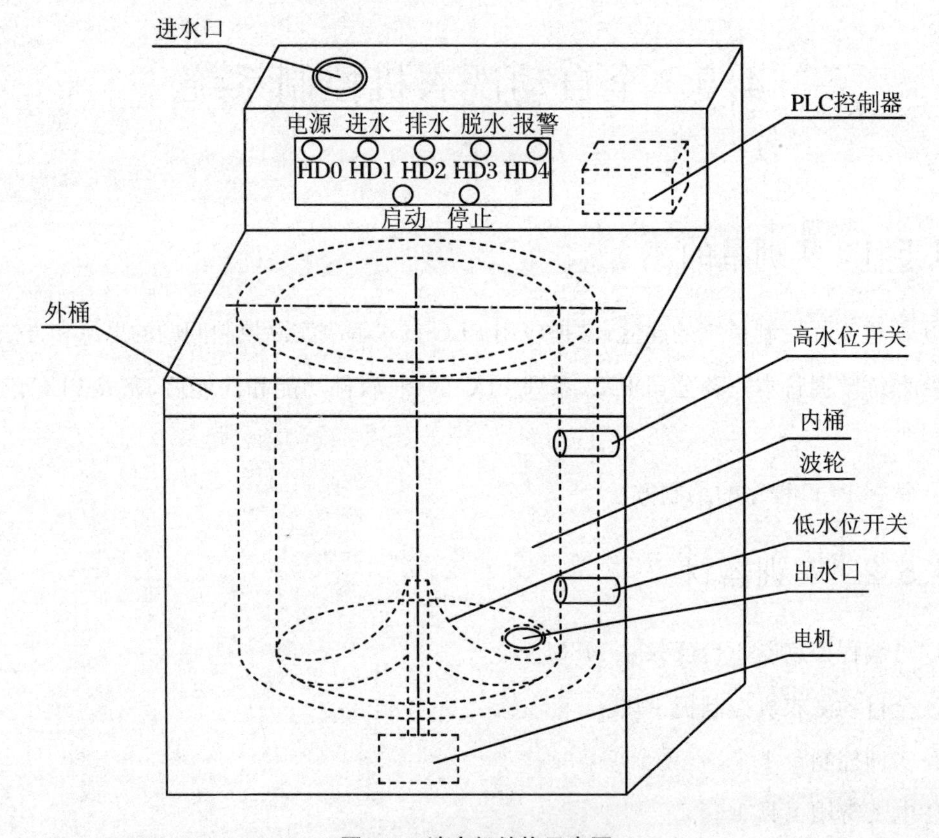

图 4.4 洗衣机结构示意图

具体控制要求:启动时,首先进水,到高水位时停止进水,开始洗涤。正转洗涤 15 s,暂停 3 s 后反转洗涤 15 s,暂停 3 s 后再正转洗涤,如此反复 30 次。洗涤结束后,开始排水,当水位下降到低水位时,进行脱水(同时排水),脱水时间为 10 s。这样完成一次从进水到脱水的大循环过程。

经过 3 次上述大循环后(第 2、3 次为漂洗),洗衣完成报警,报警 10 s 后结束全过程,自动停机。

4.5.4　软件程序

1. I/O 设备及分配

I/O 设备及 I/O 点分配如表 4.2 所示。

表 4.2　I/O 分配表

输入元件	输入地址	输出元件	输出地址
起动按钮	X000	电机正转控制	Y001
高水位开关	X001	电机反转控制	Y002
低水位开关	X002	排水电磁阀	Y003
		脱水电磁离合器	Y004
		报警蜂鸣器	Y005
		进水电磁阀	Y006

2. 状态转移图的设计

状态转移图的设计，是运用状态编程思想解决顺序控制问题的过程。该过程分为：任务分解、弄清每个状态功能、找出每个状态的转移条件及方向和设置初始状态四个阶段。下面说明全自动洗衣机控制系统状态转移图的设计过程。

① 任务分解。根据控制要求，将洗衣机的工作过程分解为下面几个工序(状态)。进水：S20；正转洗涤：S21；暂停：S22；反转洗涤：S23；暂停：S24；排水：S25；脱水：S26；报警：S27。

② 弄清各状态的功能。

S20　使进水电磁阀得电打开：Y006 为 ON

S21　正转洗涤 15 s：Y001 为 ON，定时 T0，K150

S22　暂停 3 s：T1 为 ON，K30，延时 3 s

S23　反转洗涤 15 s：Y002 为 ON，定时 T2，K150

S24　暂停 3 s：T3 为 ON，K30，延时 3 s

洗涤次数计数 30 次，C0，K30

S25　使排水电磁阀得电排水：Y003 为 ON

S26　脱水：排水电磁阀打开，Y003 为 ON

电磁离合器得电，Y004 为 ON

电机正转,Y001为ON

脱水定时10 s,T4,K100

大循环次数计数3次,C1,K3

S27　报警(蜂鸣器工作):Y005为ON

定时10 s,T5,K100

③ 找出各状态的转移条件和转移方向,将系统中各状态连接成状态转移图,并设置初始条件,结果如图4.5所示。

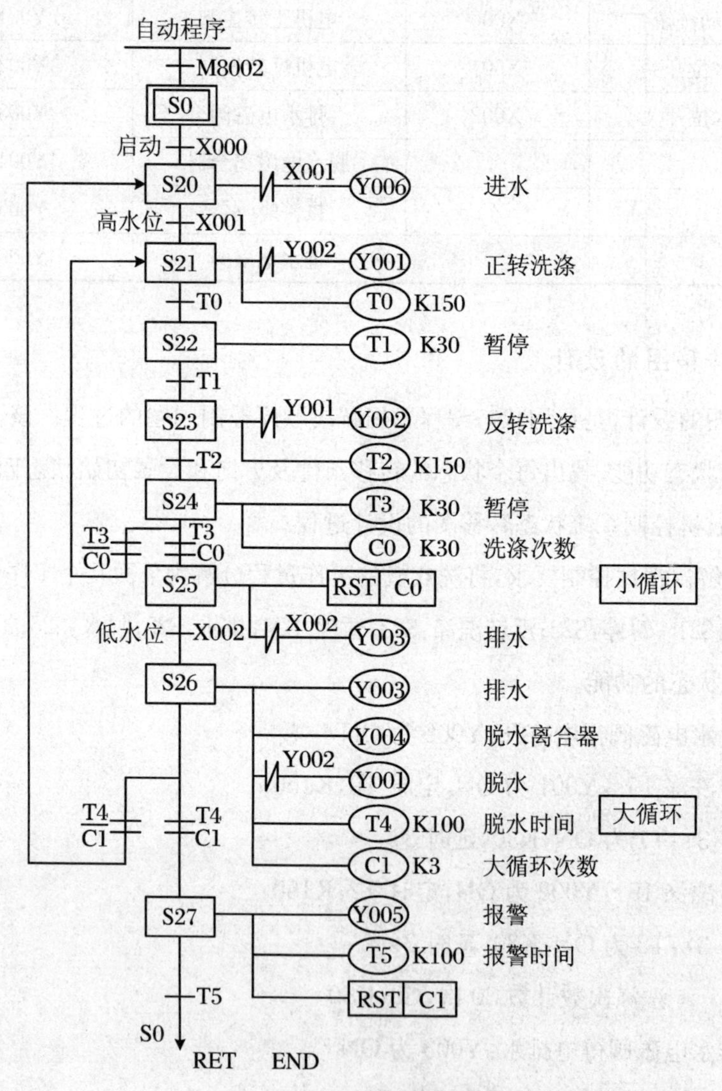

图4.5　全自动洗衣机PLC控制系统顺控流程图

4.5.5 系统接线

根据全自动洗衣机的控制要求，其系统接线图如图 4.6 所示。

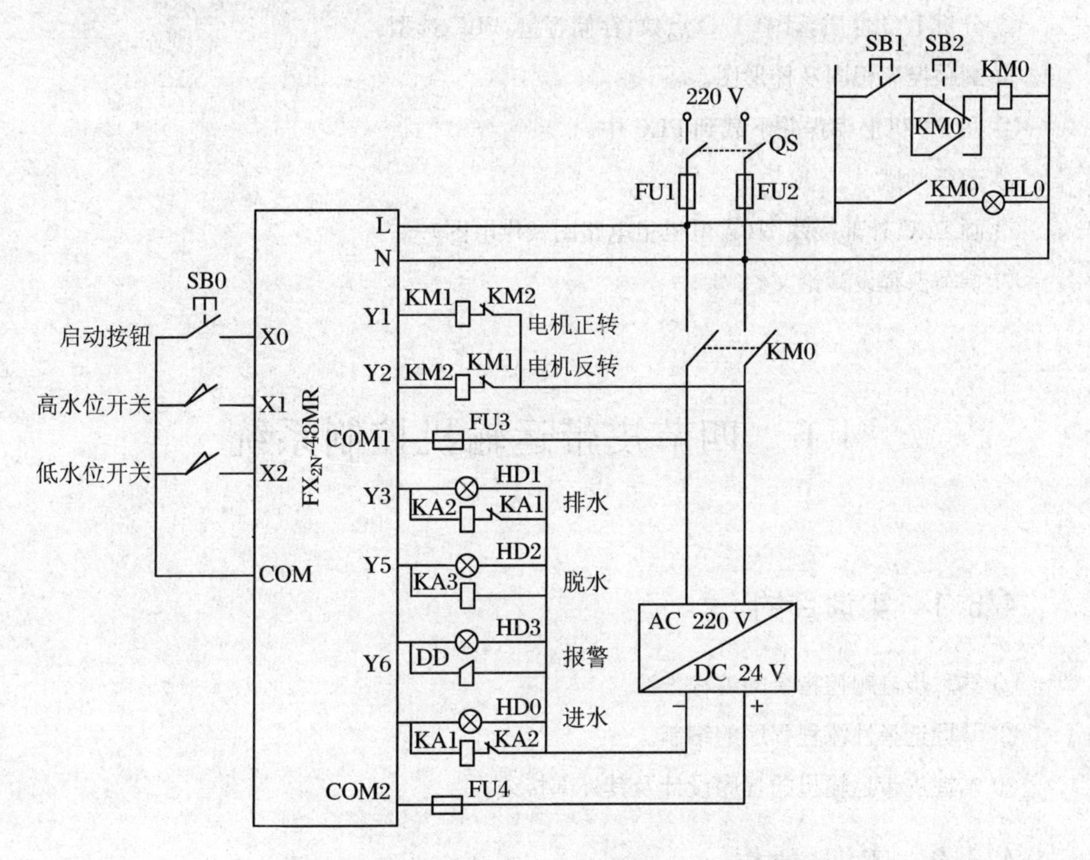

图 4.6 全自动洗衣机的 PLC 控制系统外部接线图

4.5.6 系统调试

① 输入程序，按前面介绍的程序输入方法，用手持式编程器（或计算机）正确输入程序。

② 静态调试，按图 4.6 所示的系统接线图正确连接好输入设备，进行 PLC 的模拟态调试，并通过手持式编程器（或计算机）监视。观察其是否与控制要求一致，若不一致，检查并修改、调试程序，直至指示正确。

③ 动态调试，按图 4.6 所示的系统接线图正确连接好输出设备，进行系统的动态调试，调试相应程序，观察指示灯能否按控制要求动作，并通过手持式编程器（或计算机）监视。观察其是否与控制要求一致，若不一致，检查线路或修改程序，直至指示灯能按控制要求动作。

4.5.7 实训报告

① 画出工艺流程图，并在图上标出元件表(I/O表)。
② 分析I/O性质，计算I/O点数、存储容量，PLC选型。
③ 画顺控流程图及梯形图。
④ 在PC机上编程并下载到PLC中。
⑤ 运行调试。
⑥ 画PLC外部接线图(含电机主电路图及供电图)。
⑦ 撰写课程设计论文。

4.6 四节皮带运输机控制系统

4.6.1 实训目的

① 熟悉步进顺控指令的编程方法。
② 掌握选择性流程程序的编制。
③ 掌握皮带运输机的程序设计及其外部接线。

4.6.2 实训器材

① 可编程控制器1台(FX_{2N}-48MR)。
② 皮带运输机模拟显示模块1块(带指示灯、接线端口及按钮等)。
③ 实训控制台1个。
④ 电工常用工具1套。
⑤ 手持式编程器或计算机1台。
⑥ 连接导线若干。

4.6.3 实训要求

设计一个用PLC控制的皮带运输机的控制系统。其控制要求如下。

在建材、化工、机械、冶金、采矿等工业生产中广泛使用皮带运输系统运送原料或物品。供料由电磁阀 DT 控制，电动机 M1、M2、M3、M4 分别用于驱动皮带运输线 PD1、PD2、PD3、PD4。储料仓设有空仓和满仓信号，其动作示意简图如图 4.7 所示，其具体要求如下。

① 正常启动，空仓或按自动启动按钮时的启动顺序为 M1、DT、M2、M3、M4，间隔时间为 5s。

② 正常停止，为使皮带上不留物料，要求顺物料流动方向按一定时间间隔顺序停止，即正常停止顺序为 DT、M1、M2、M3、M4，间隔时间为 5s。

③ 故障后的启动，为避免前段皮带上造成物料堆积，要求按物料流动相反方向按一定时间间隔顺序启动，即故障后的启动顺序为 M4、M3、M2、M1、DT，间隔时间为 10s。

④ 紧急停止，当出现意外时，按下紧急停止按钮，则停止所有电动机和电磁阀。

⑤ 具有点动功能。

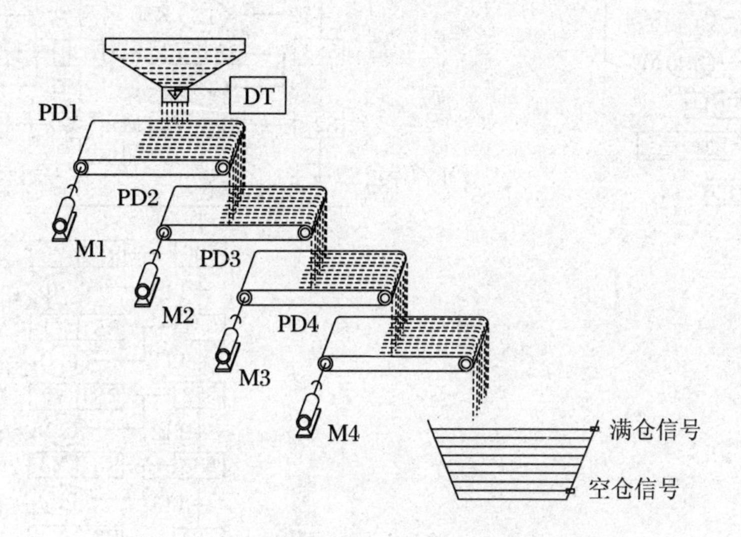

图 4.7　皮带运输机的动作示意图

4.6.4　软件程序

1. I/O 点分配

输入点分配为 X0：自动/手动转换；X1：自动位启动；X2：正常停止；X3：紧急停止；X4：点动 DT 电磁阀；X5：点动 M1；X6：点动 M2；X7：点动 M3；X10：点动 M4；X11：满仓信号；X12：空仓信号。

输出点分配为 Y0：DT 电磁阀；Y1：M1 电动机；Y2：M2 电动机；Y3：M3 电动机；Y4：M4 电动机。

2. 设计方案

根据系统控制要求及PLC的I/O分配,设计皮带运输机的系统程序如图4.8所示。

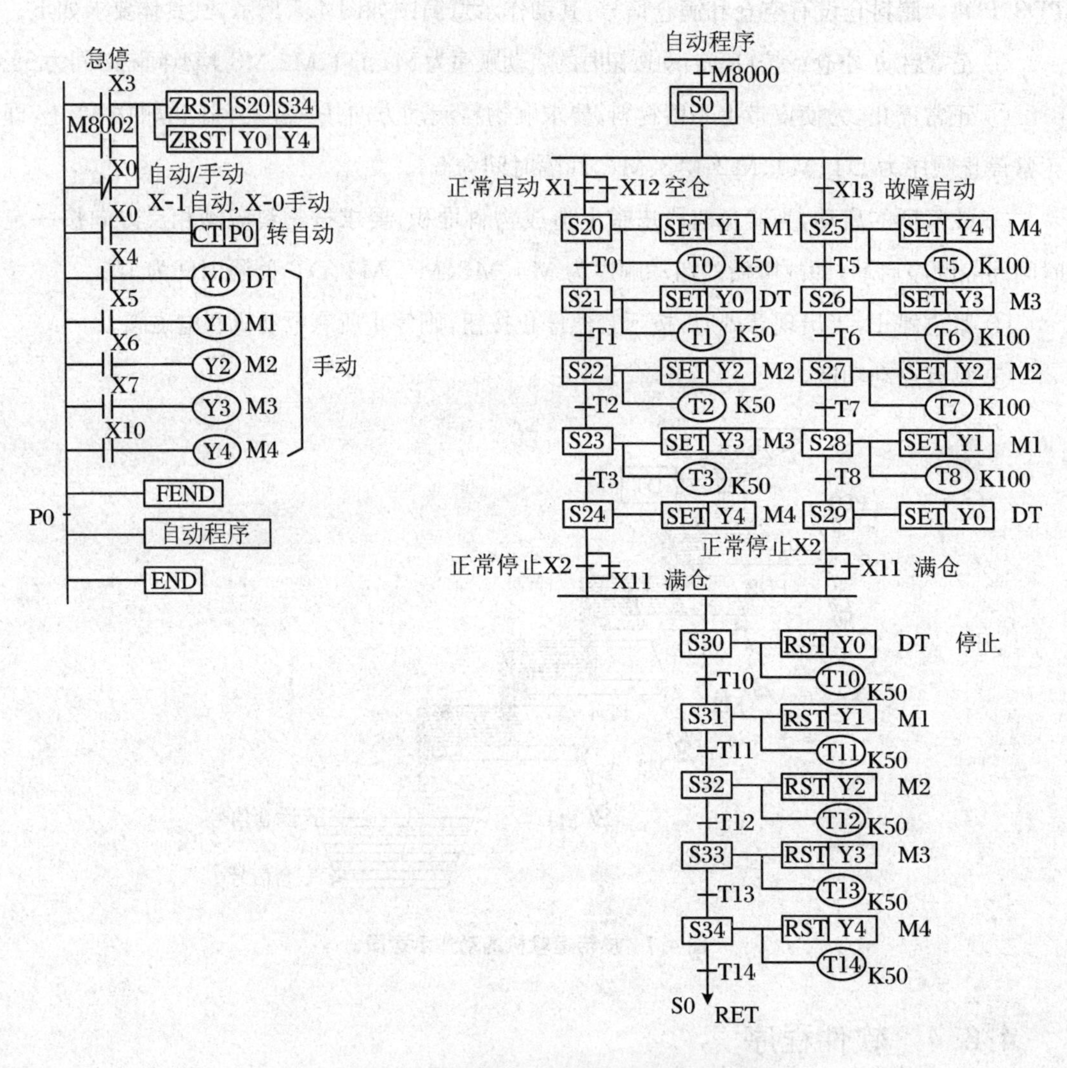

图4.8 皮带运输机的PLC控制系统顺控流程图

4.6.5 系统接线

根据皮带运输机的控制要求,其系统接线图如图4.9所示(PLC的输出负载都用指示灯代替)。

4.6.6 系统调试

① 输入程序,按前面介绍的程序输入方法,用手持式编程器(或计算机)正确输入程序。

② 静态调试,按图4.9所示的系统接线图正确连接好输入设备,进行PLC的模拟静态调试,并通过手持式编程器(或计算机)监视。观察其是否与控制要求一致,若不一致,检查并修改、调试程序,直至指示正确。

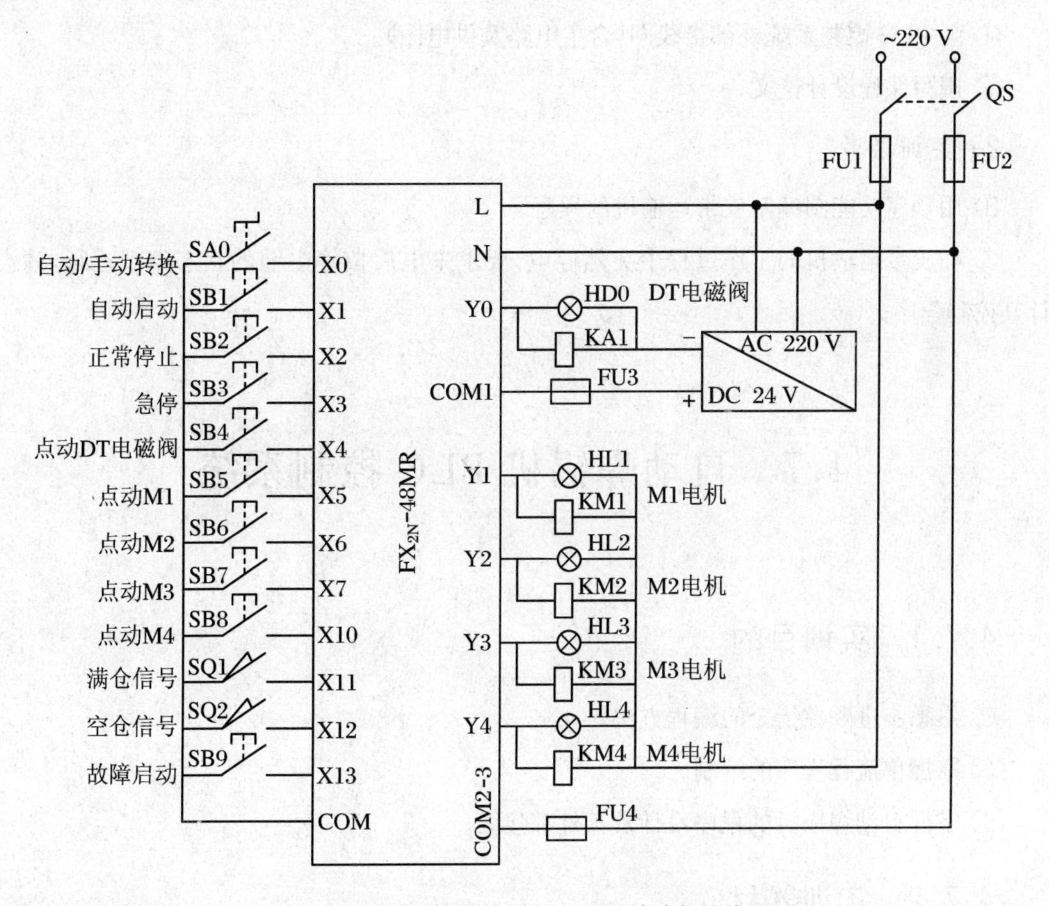

图4.9 皮带运输机的PLC控制系统外部接线图

③ 动态调试,按图4.9所示的系统接线图正确连接好输出设备,进行系统的动态调试,先调试手动程序,后调试自动程序,观察指示灯能否按控制要求动作,并通过手持式编程器(或计算机)监视。观察其是否与控制要求一致,若不一致,检查线路或修改程序,直至指示灯能按控制要求动作。

4.6.7 实训报告

1. 实训总结

① 画工艺流程图，分析I/O性质，计算I/O点数、存储容量，PLC选型。

② 编写程序(在PC机上编程并下载到PLC中)。

③ 运行并调试程序，运行调试记录。

④ 画PLC控制系统外部接线图(含主电路及供电图)。

⑤ 撰写课程设计论文。

2. 实训思考

① 用顺序功能图编制皮带运输机的程序。

② 在皮带运输机的工作过程中突然停电，要求来电后按停电前的状态继续运行，请设计其控制程序。

4.7 自动焊锡机PLC控制系统

4.7.1 实训目的

① 熟悉步进顺控指令的编程方法。

② 掌握单流程程序的编制。

③ 掌握自动焊锡机的程序设计及其外部接线。

4.7.2 实训器材

① 可编程控制器1台(FX_{2N}-48MR)。

② 自动焊锡机模拟显示模块1块(带指示灯、接线端口及按钮等)。

③ 交流开关稳压电源1个 AC 220 V/DC24 V 10 A。

④ 保险丝4个(5 A)。

⑤ 实训控制台1个。

⑥ 电工常用工具 1 套。

⑦ 手持式编程器或计算机 1 台。

⑧ 连接导线若干。

4.7.3　实训要求

设计一个用 PLC 控制的自动焊锡机的控制系统，其控制要求如下：

自动焊锡机的控制过程为：启动机器，首先对工件焊锡，即焊锡机械手上升电磁阀得电，将待焊锡工件托盘上升，上升到位碰 SQ3，停止上升；托盘右行电磁阀得电，托盘右行到位碰 SQ2，托盘停止右行；托盘下降电磁阀得电，托盘下降到位碰 SQ4，停止下降，工件焊锡。当焊锡时间到，托盘上升电磁阀得电，托盘上升到位碰 SQ3，停止上升；托盘左行电磁阀得电，托盘左行到位碰 SQ1，托盘停止左行；托盘下降电磁阀得电，托盘下降到位碰 SQ4，托盘停止下降，已焊好工件取出。除渣机械手上升电磁阀得电上升，将待除渣工件托盘上升到位碰 SQ7，停止上升；左行电磁阀得电，机械手左行到位碰 SQ5，停止左行；下降电磁阀得电，机械手下降到位碰 SQ8，停止下降；将已焊好工件放入，然后右行电磁阀得电，机械手右行到位碰 SQ6，停止右行，对已焊好工件除渣。延时 5 s 后，自动进入下一循环。要求能单次或连续循环运转。简易的动作示意图如图 4.10 所示。

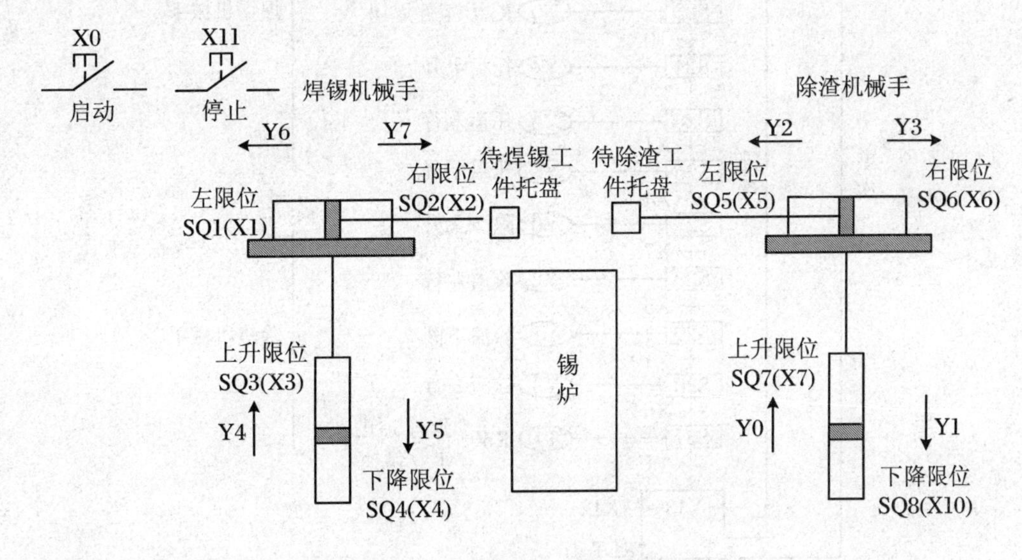

图 4.10　自动焊锡机的工作示意图

4.7.4 软件程序

1. I/O分配

X0:自动位启动;X11:停止;X12:单次(单循环);X13:连续(多循环)。

焊锡机械手输入。X1:左限位SQ1;X2:右限位SQ2;X3:上限位SQ3;X4:下限位SQ4。

除渣机械手输入。X5:左限位SQ5;X6:右限位SQ6;X7:上限位SQ7;X10:下限位SQ8。

除渣机械手输出。Y0:除渣上行;Y1:除渣下行;Y2:除渣左行;Y3:除渣右行。

焊锡机械手输出。Y4:托盘上行;Y5:托盘下行;Y6:托盘左行;Y7:托盘右行。

2. 程序设计方案

根据系统的控制要求及PLC的I/O分配,画出其状态转移图如图4.11所示。

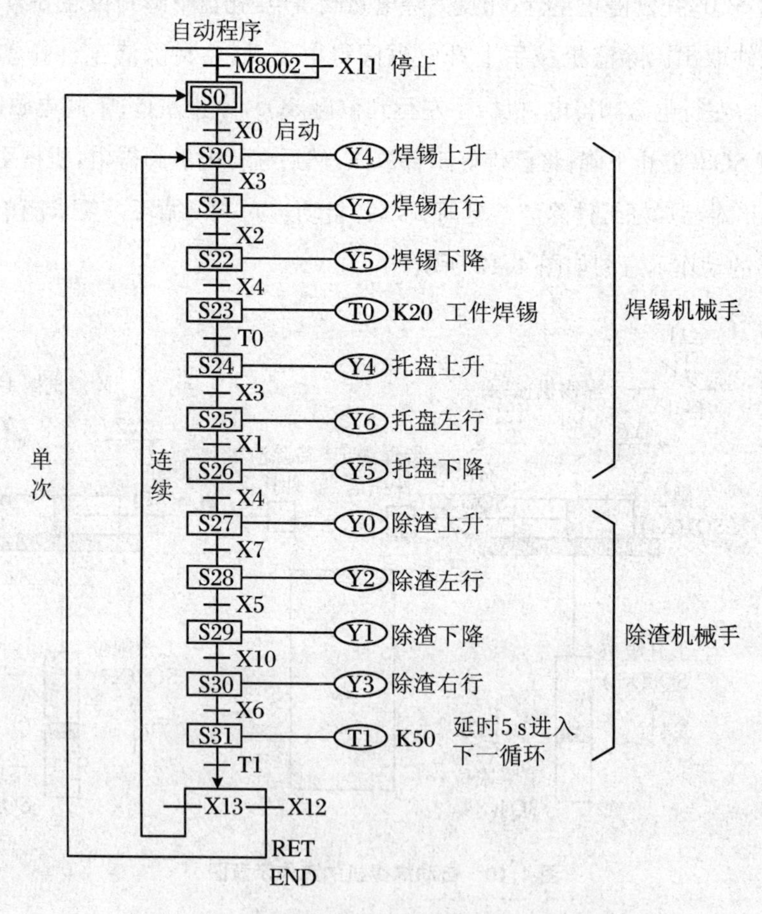

图4.11 自动焊锡机PLC控制系统顺控流程图

4.7.5　系统接线

根据系统控制要求，其系统接线图如图 4.12 所示。

4.7.6　系统调试

① 输入程序，按前面介绍的程序输入方法，用手持式编程器（或计算机）正确输入程序。

② 静态调试，按图 4.12 所示的系统接线图正确连接好输入设备，进行 PLC 的模拟静态调试。观察 PLC 的输出指示灯是否按要求指示，若不满足要求，检查并修改程序，直至指示正确。

③ 动态调试，按图 4.12 所示的系统接线图正确连接好输出设备，进行系统的动态调试。观察自动焊锡机能否按控制要求动作，若不满足要求，检查线路或修改程序，直至自动焊锡机按控制要求动作。

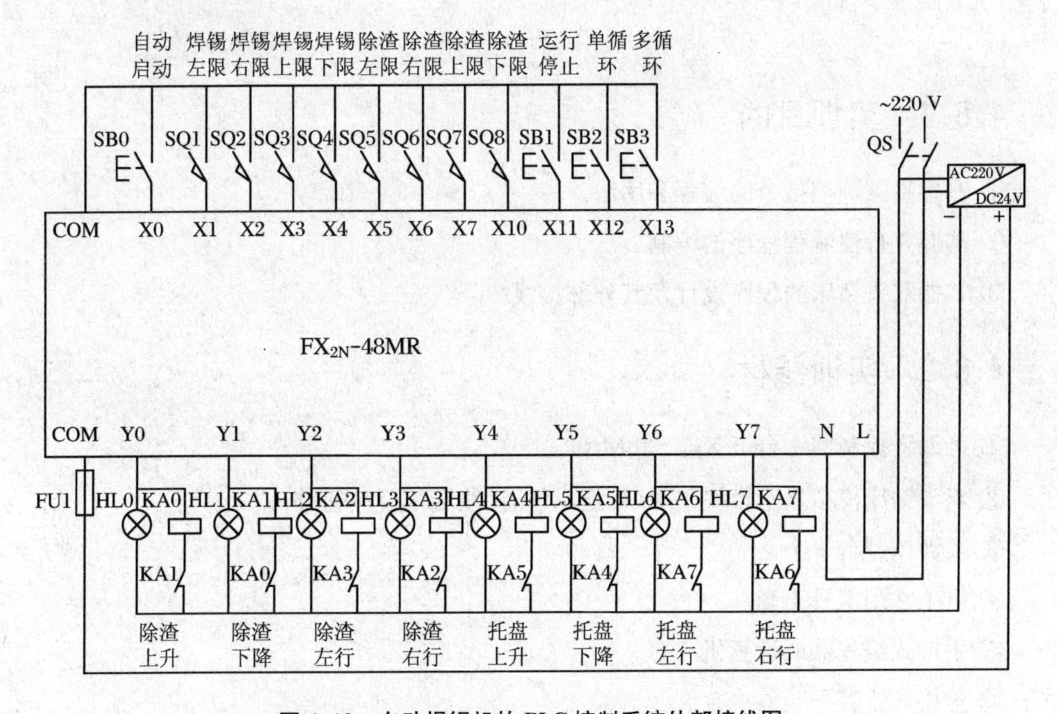

图 4.12　自动焊锡机的 PLC 控制系统外部接线图

4.7.7　实训报告

1. 实训总结

① 画工艺流程图，分析 I/O 性质，计算 I/O 点数、存储容量，PLC 选型。

② 编写程序(在PC机上编程并下载到PLC中)。

③ 运行并调试程序,运行调试记录。

④ 画PLC控制系统外部接线图(含主电路及供电图)。

⑤ 撰写课程设计论文。

2. 实训思考

① 若要在自动运行的基础上增加手动运行功能,请设计程序。

② 请用启保停的编程方法设计自动焊锡机的程序。

4.8 双头钻床PLC控制系统

4.8.1 实训目的

① 熟悉步进顺控指令的编程和用法。

② 掌握并行性流程程序的编制。

③ 掌握双头钻床的程序设计及其外部接线。

4.8.2 实训器材

① 可编程控制器1台(FX_{2N} - 48MR)。

② 双头钻床模拟显示模块1块(带指示灯、接线端口及按钮等)。

③ 实训控制台1个。

④ 电工常用工具1套。

⑤ 手持式编程器或计算机1台。

⑥ 连接导线若干。

4.8.3 实训要求

设计一个用PLC控制的双头钻床的控制系统。其控制要求如下:

① 双头钻床用来加工圆盘状零件上均匀分布的6个孔如图4.13所示。操作人员将工件放好后,按下启动按钮,工件被夹紧,夹紧后压力继电器为ON,此时两个钻头同时开始向

下进给。大钻头钻到设定的深度(SQ1)时,钻头上升,升到设定的起始位置(SQ2)时,停止上升;小钻头钻到设定的深度(SQ3)时,钻头上升,升到设定的起始位置(SQ4)时,停止上升。两个都到位后,工件旋转 120°,旋转到位时 SQ5 为 ON,然后又开始钻第二对孔。3 对孔都钻完后,工件松开,松开到位时,限位开关 SQ6 为 ON,系统返回初始位置。

② 具有手动和自动运行功能。

③ 具有上电和急停断电功能。

④ 大钻头、小钻头由两台三相异步电动机带动。电机的正反转完成上升、下降的功能;旋转由第三台电机带动。上升、下降及旋转限位开关均为霍尔接近开关;夹紧、放松均由电磁阀带动。

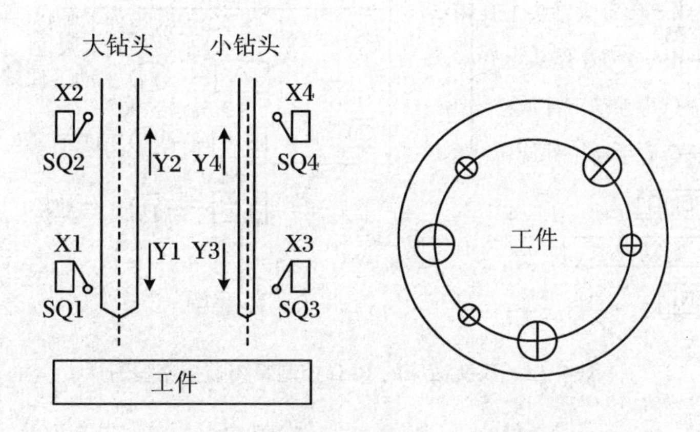

图 4.13　双头钻床的工作示意图

4.8.4　软件程序

1. I/O 分配

X0:工件夹紧;大钻头到下限位开关 X1:SQ1;大钻头到上限位开关 X2:SQ2;小钻头到下限位开关 X3:SQ3;小钻头到上限位开关 X4:SQ4;旋转 120°限位开关 X5:SQ5;工件松开限位开关 X6:SQ6;X7:自动位启动;X10:手动/自动转换;X11:大钻头手动下降;X12:大钻头手动上升;X13:小钻头手动下降;X14:小钻头手动上升;X15:工件手动夹紧;X16:工件手动放松;X17:工件手动旋转;X20:停止按钮。

Y0:原位指示;Y1:大钻头下降;Y2:大钻头上升;Y3:小钻头下降;Y4:小钻头上升;Y5:工件夹紧;Y6:工件放松;Y7:工件旋转。

2. 程序设计方案

根据系统控制要求及 PLC 的 I/O 分配,设计双头钻床的程序如图 4.14 所示。

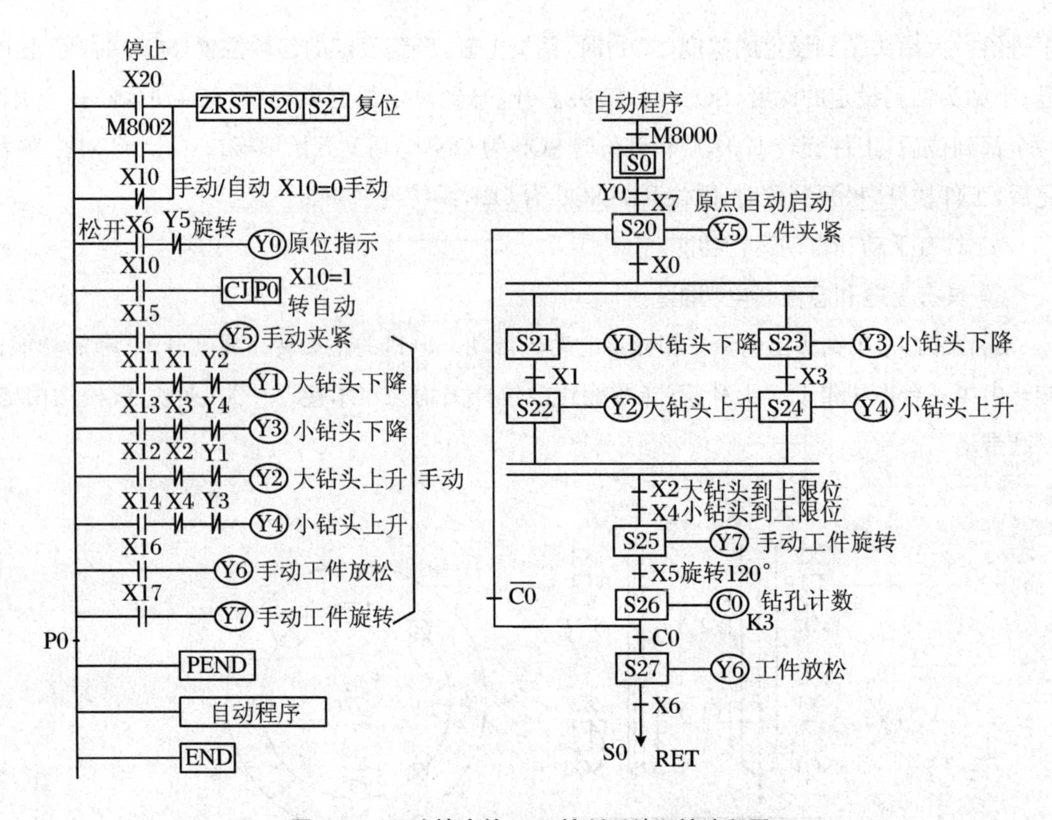

图4.14 双头钻床的PLC控制系统顺控流程图

4.8.5 系统接线

根据双头钻床的控制要求,其系统接线图如图4.15所示。

4.8.6 系统调试

① 输入程序,按前面介绍的程序输入方法,用手持式编程器(或计算机)正确输入程序。

② 静态调试,按图4.15所示的系统接线图正确连接好输入设备,进行PLC的模拟态调试,并通过手持式编程器(或计算机)监视。观察其是否与控制要求一致,若不一致,检查并修改、调试程序,直至指示正确。

③ 动态调试,按图4.15所示的系统接线图正确连接好输出设备,进行系统的动态调试,先调试手动程序,后调试自动程序,观察指示灯能否按控制要求动作,并通过手持式编程器(或计算机)监视。观察其是否与控制要求一致,若不一致,检查线路或修改程序,直至系统能按控制要求动作。

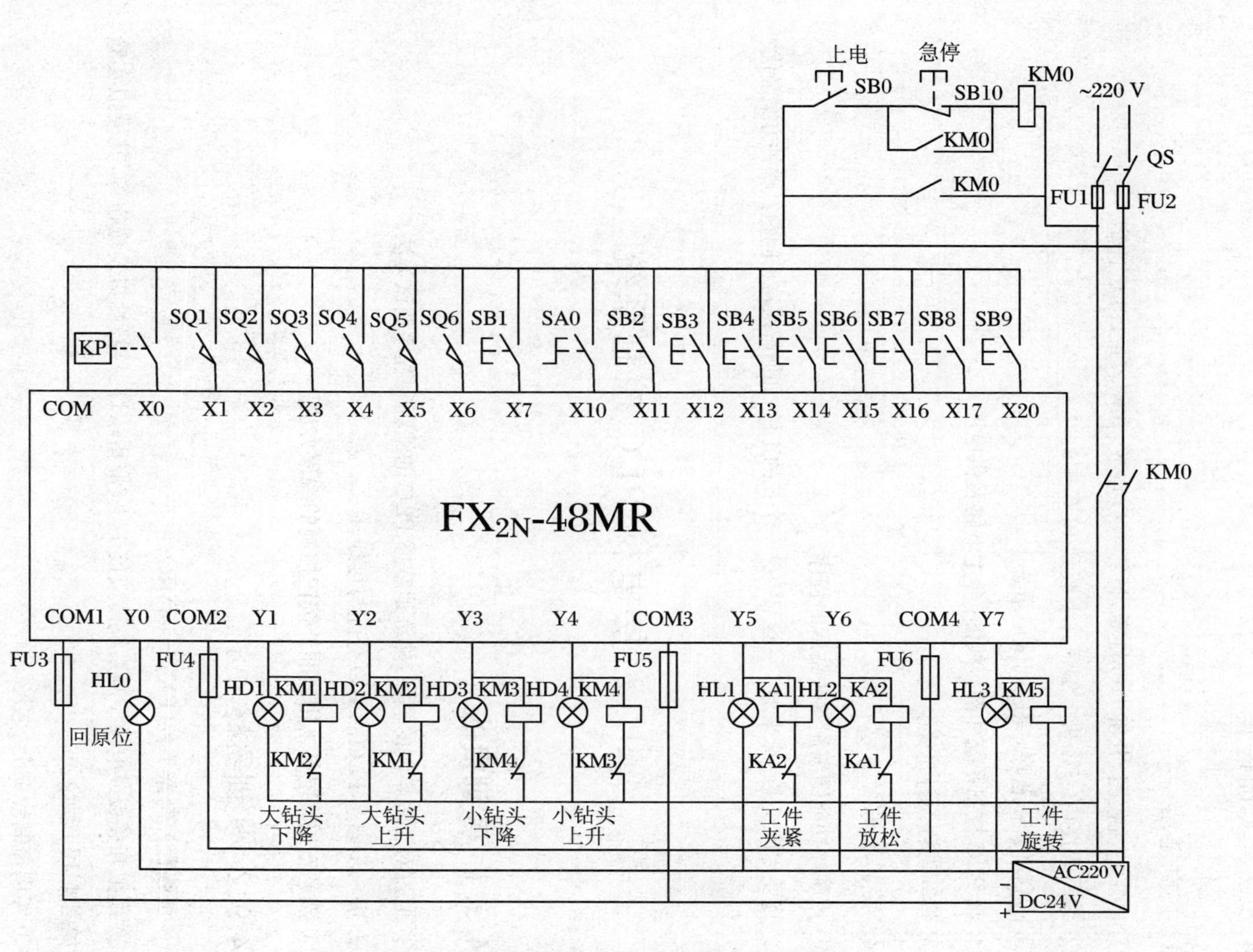

图 4.15 双头钻床的 PLC 控制系统外部接线图

4.8.7 实训报告

1. 实训总结

① 画工艺流程图,分析I/O性质,计算I/O点数、存储容量,PLC选型。

② 编写程序(在PC机上编程并下载到PLC中)。

③ 运行并调试程序,完成调试记录。

④ 画PLC控制系统外部接线图(含主电路及供电图)。

⑤ 撰写课程设计论文。

2. 实训思考

① 用顺序功能图编制双头钻床的程序。

② 现要用该双头钻床来加工一批只需钻一个孔的工件,如何解决这个问题? 哪种方案最优?

4.9 三层电梯PLC控制系统

4.9.1 实训目的

① 通过对工程实例的模拟,熟练地掌握PLC的编程和程序调试方法。

② 进一步熟悉PLC的I/O分配与接线。

③ 熟悉三层楼电梯采用轿厢外按钮控制的编程方法。

4.9.2 实训器材

① 可编程控制器1台($FX_{2N}-48MR$)。

② 模拟开关板或电梯控制系统模拟板1块(带指示灯、接线端口及按钮等,其模拟实验面板如图4.16所示)。

③ 实训控制台1个。

④ 电工常用工具1套。

⑤ 手持式编程器或计算机1台。

⑥ 连接导线若干。

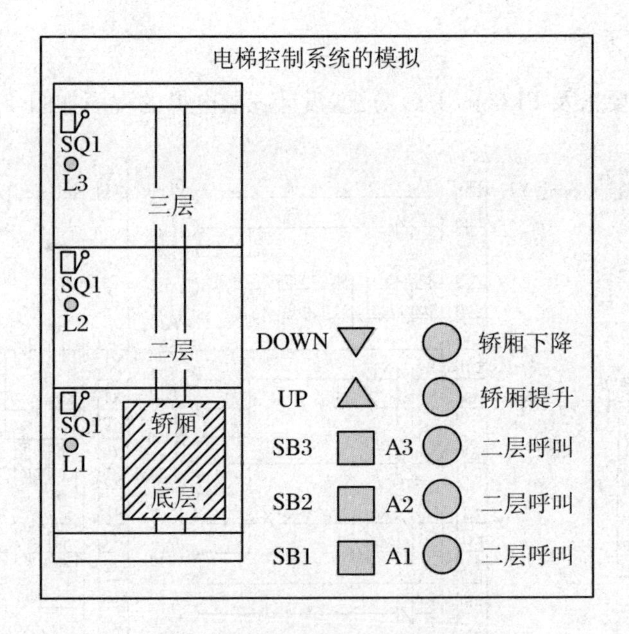

图 4.16　电梯控制系统的模拟面板

4.9.3　实训要求

熟悉采用轿厢外按钮控制的电梯工作原理、控制要求。

运行方向和停靠楼层设置如下：一至三层楼设有呼叫按钮分别为 SB1～SB3，指示灯 L1～L3 指示电梯在底层与三层之间运行，SQ1～SQ3 为到位行程开关。电梯上升途中只响应上升呼叫，下降途中只响应下降呼叫，任何反方向的呼叫均无效。

模拟开关 SB1、SB2、SB3 分别与 X5、X4、X3 相连；SQ1、SQ2、SQ3 分别与 X2、X1、X0 相连。输出端可不接输出设备，而用输出指示灯的状态模拟输出设备的状态。

4.9.4　软件程序

1. I/O 分配

图 4.16 中的行程开关触点 SQ1、SQ2、SQ3 分别接主机的输入点 X2、X1、X0；层呼叫按钮 SB1、SB2、SB3 分别接主机的输入点 X5、X4、X3；层指示灯 L1、L2、L3 分别接主机的输出点 Y2、Y1、Y0；上升、下降分别接主机的输出点 Y4、Y3；呼叫指示灯 A1、A2、A3 分别接主机的输出点 Y7、Y6、Y5。上框中的层指示用发光二极管和 12 V 灯来模拟，层呼叫指示和上

升、下降运行指示用发光二极管来模拟。

2. 程序设计方案

根据系统控制要求及 PLC 的 I/O 分配,设计三层电梯的程序如图 4.17 所示。

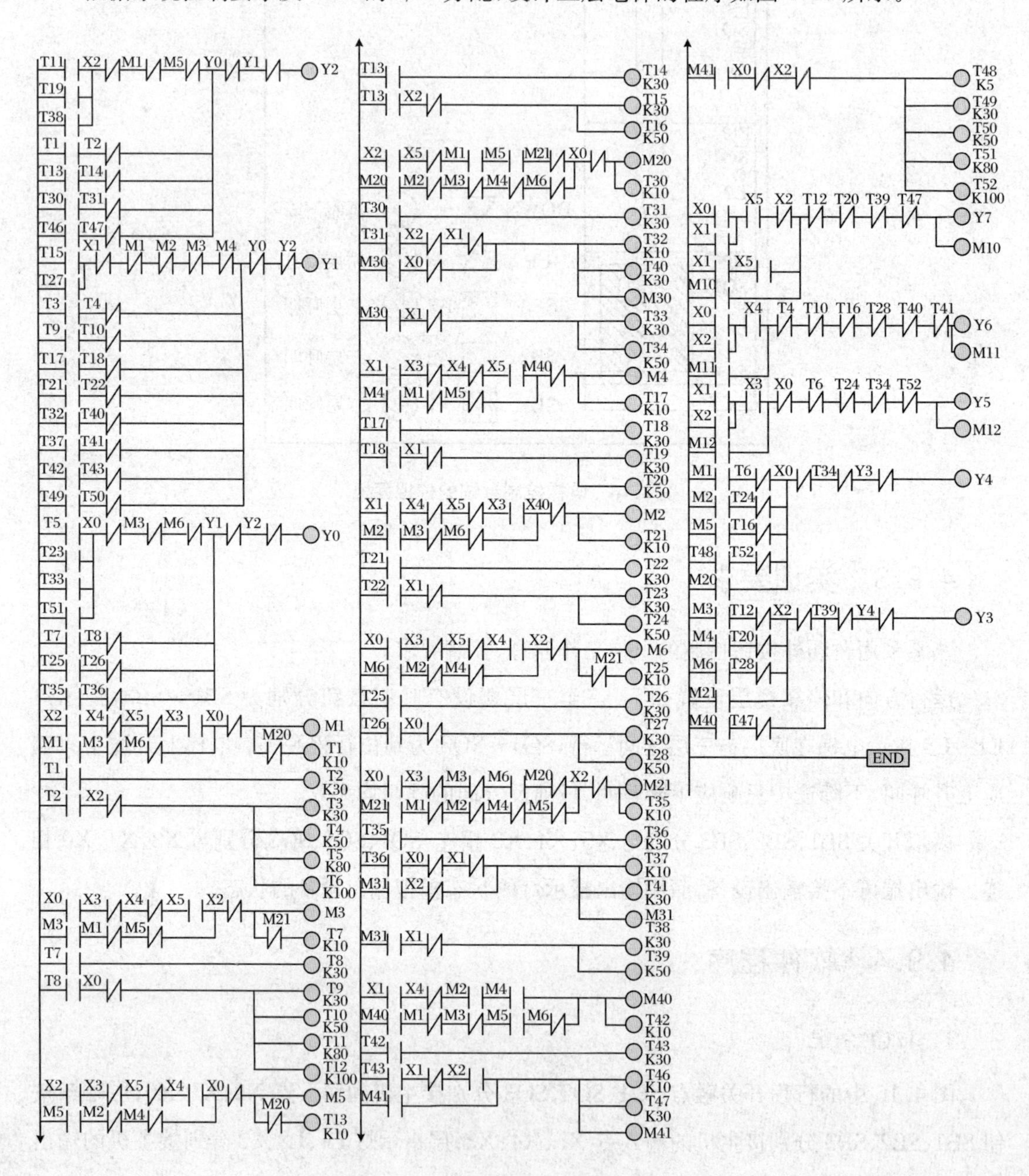

图 4.17　三层电梯的 PLC 控制系统梯形图

4.9.5　系统接线

根据三层电梯的控制要求，其系统接线图如图 4.18 所示。

4.9.6　系统调试

① 输入程序，按前面介绍的程序输入方法，用手持式编程器（或计算机）正确输入程序。

② 静态调试，按图 4.18 所示的系统接线图正确连接好输入设备，进行 PLC 的模拟态调试，并通过手持式编程器（或计算机）监视。观察其是否与控制要求一致，若不一致，检查并修改、调试程序，直至指示正确。

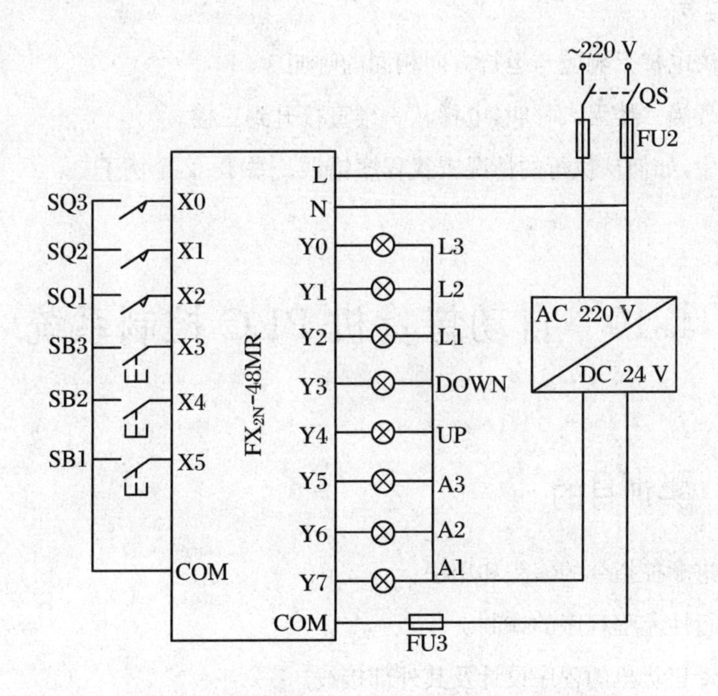

图 4.18　三层电梯的 PLC 控制系统外部接线图

③ 动态调试，按图 4.18 所示的系统接线图正确连接好输出设备，进行系统的动态调试，观察指示灯能否按控制要求动作，并通过手持式编程器（或计算机）监视。观察其是否与控制要求一致，若不一致，检查线路或修改程序，直至指示灯能按控制要求动作。

4.9.7 实训报告

1. 实训总结

① 画工艺流程图,分析 I/O 性质,计算 I/O 点数、存储容量,PLC 选型。

② 编写程序(在 PC 机上编程并下载到 PLC 中)。

③ 运行并调试程序,完成调试记录。

④ 画 PLC 控制系统外部接线图(含主电路及供电图)。

⑤ 撰写课程设计论文。

2. 实训思考

① 如何解决电梯只响应与运行方向相同的呼叫。

② 怎么处理当二楼无人呼叫,电梯从一楼直接升到三楼。

③ 在调试中,如何从执行的情况查找程序错误。举 1~2 个例子。

4.10 自动售货机 PLC 控制系统

4.10.1 实训目的

① 熟悉步进顺控指令的编程和用法。

② 掌握并行性流程程序的编制。

③ 掌握自动售货机的程序设计及其外部接线。

4.10.2 实训器材

① 可编程控制器 1 台($FX_{2N}-48MR$)。

② 自动售货机模拟显示模块 1 块(带指示灯、接线端口及按钮等)。

③ 实训控制台 1 个。

④ 电工常用工具 1 套。

⑤ 手持式编程器或计算机 1 台。

⑥ 连接导线若干。

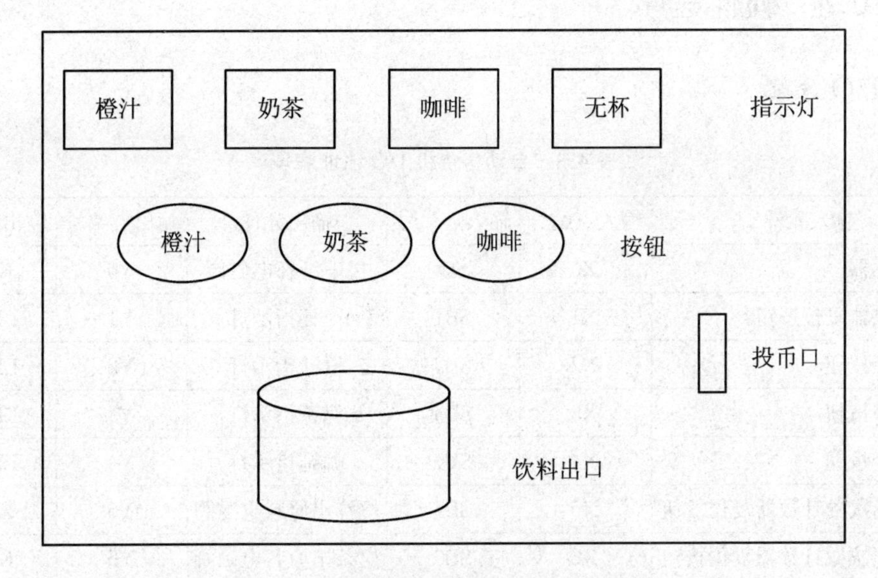

图 4.19　自动售货机人机界面示意图

4.10.3　实训要求

该售货机只能投入 1 元硬币。自动售货机出热饮橙汁、奶茶和咖啡三种饮料。

当投入 1 元硬币时(如果是假币投币机会自动退币),纸杯落到相应的位置(每拨下一个杯子都会由计数器进行计数,当计数器计数到达设定值时无杯指示灯亮,提示工作人员添加纸杯然后手动将计数器复位),然后橙汁、奶茶和咖啡三个按钮同时亮。

按橙汁按钮,橙汁原料从原料盒放入混料盒中,此过程由定时器延时 5 s 并由计数器进行计数(计数器计数到达设定值时再次投币时橙汁指示灯不会亮,提示工作人员加料,加料后需要手动将计数器复位)。在原料放入混料盒后,向原料盒加水。该过程由定时器进行延时 5 s,然后电机得电在混料盒中进行混合延时 5 s,最后橙汁排出延时 10 s 后自动停止,完成一次交易。另外两种饮料的销售过程同上。

4.10.4 软件程序

1. I/O分配

表4.3 自动售货机I/O地址编号

输入元件	输入点编号	输入点代号	输出元件	输出点编号	输出点代号
投币传感器	X0	SQ	拨下纸杯电磁阀	Y0	KM1
纸杯计数器复位按钮	X1	SB1	无杯指示灯	Y1	LED1
橙汁选择按钮	X2	SB2	橙汁指示灯	Y2	LED2
奶茶选择按钮	X3	SB3	奶茶指示灯	Y3	LED3
咖啡选择按钮	X4	SB4	咖啡指示灯	Y4	LED4
橙汁售出次数计数器复位按钮	X5	SB5	橙汁出原料电磁阀	Y5	KM2
奶茶售出次数计数器复位按钮	X6	SB6	奶茶出原料电磁阀	Y6	KM3
咖啡售出次数计数器复位按钮	X7	SB7	咖啡出原料电磁阀	Y7	KM4
			橙汁盒进水电磁阀	Y10	KM5
			奶茶盒进水电磁阀	Y11	KM6
			咖啡盒进水电磁阀	Y12	KM7
			橙汁盒搅拌机M1	Y13	KM8
			奶茶盒搅拌机M2	Y14	KM9
			咖啡盒搅拌机M3	Y15	KM10
			放饮料电磁阀	Y16	KM11

2. 程序设计方案

根据系统控制要求及PLC的I/O分配,设计自动售货机的程序如图4.20所示。

4.10.5 系统接线

根据自动售货机的控制要求,其系统接线图如图4.21所示。

4.10.6 系统调试

① 输入程序,按前面介绍的程序输入方法,用手持式编程器(或计算机)正确输入程序。

② 静态调试,按图4.21所示的系统接线图正确连接好输入设备,进行PLC的模拟态调

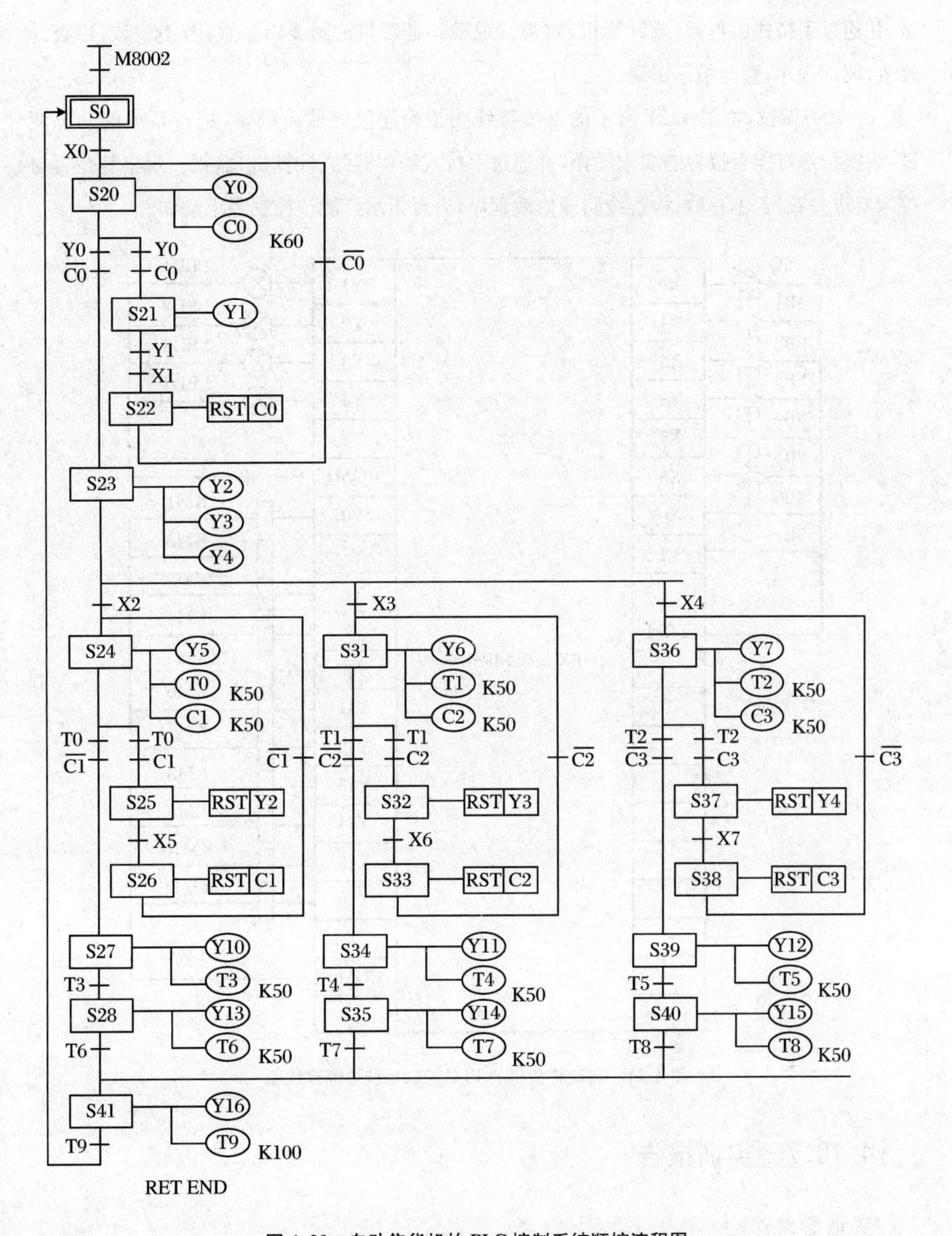

图 4.20　自动售货机的 PLC 控制系统顺控流程图

试,并通过手持式编程器(或计算机)监视。观察其是否与控制要求一致,若不一致,检查并修改、调试程序,直至指示正确。

③ 动态调试,按图4.21所示的系统接线图正确连接好输出设备,进行系统的动态调试,观察指示灯能否按控制要求动作,并通过手持式编程器(或计算机)监视。观察其是否与控制要求一致,若不一致,检查线路或修改程序,直至指示灯能按控制要求动作。

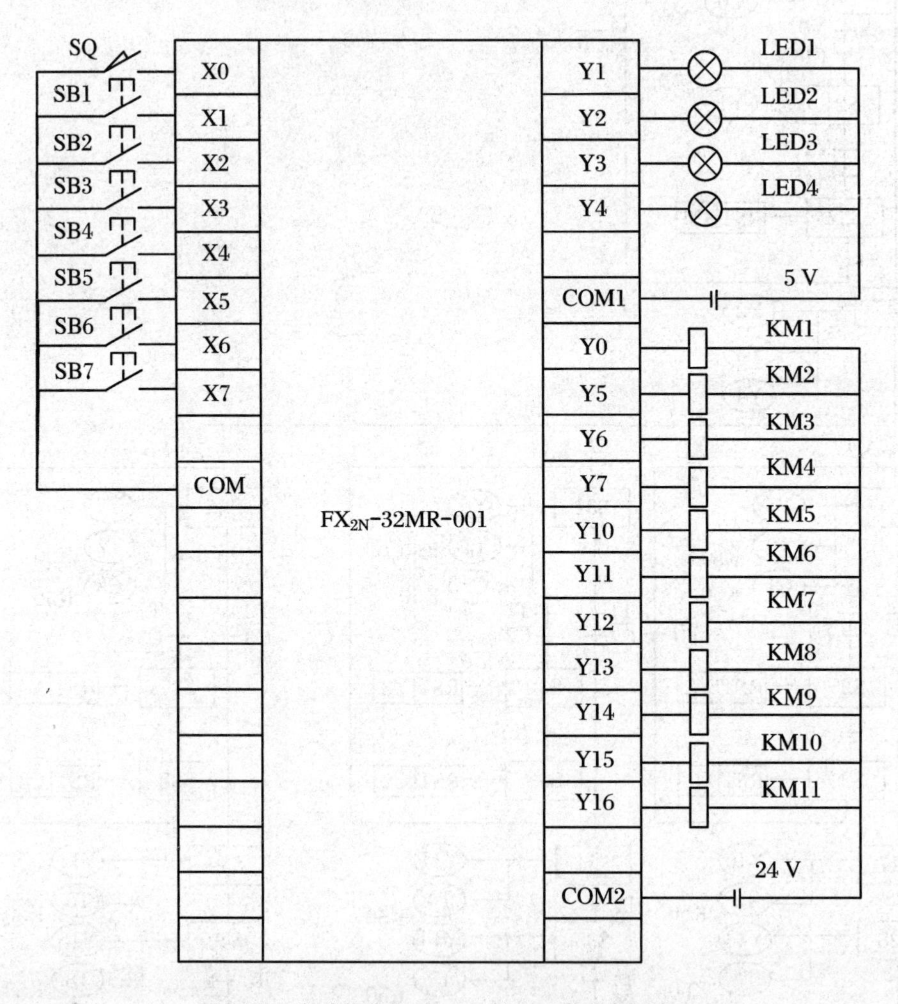

图4.21 自动售货机的PLC控制系统外部接线图

4.10.7 实训报告

实训总结

① 画工艺流程图,分析I/O性质,计算I/O点数、存储容量,PLC选型。

② 编写程序(在 PC 机上编程并下载到 PLC 中)。

③ 运行并调试程序,运行调试记录。

④ 画 PLC 控制系统外部接线图(含主电路及供电图)。

⑤ 撰写课程设计论文。

4.11　C650 普通车床继电器-接触器控制系统的改造

4.11.1　实训目的

① 通过实际控制系统的建立,掌握应用 PLC 技术解决实际控制问题的思想和方法。

② 熟练掌握日本三菱公司 FX_{2N} 系列 PLC 的硬、软件功能和性能后,完成 PLC 的使用接线。

③ 掌握 PLC 程序的编制。

4.11.2　实训器材

① 可编程控制器 1 台(FX_{2N} - 48MR)。

② C650 车床模拟控制系统模块 1 块(带指示灯、接线端口及按钮等)。

③ 实训控制台 1 个。

④ 电工常用工具 1 套。

⑤ 手持式编程器或计算机 1 台。

⑥ 连接导线若干。

4.11.3　实训要求

1. C650 普通车床介绍

(1) C650 车床的外形与运动方式

C650 车床的外形结构如图 4.22 所示。车床有三种运动形式:一是主轴上的长盘顶尖带着工件的旋转运动,称为主运动。另一种是溜板带着刀架的直线运动,称为进给运动。还

有一种是为了提高工效，刀架的快速直线运动，称为辅助运动。

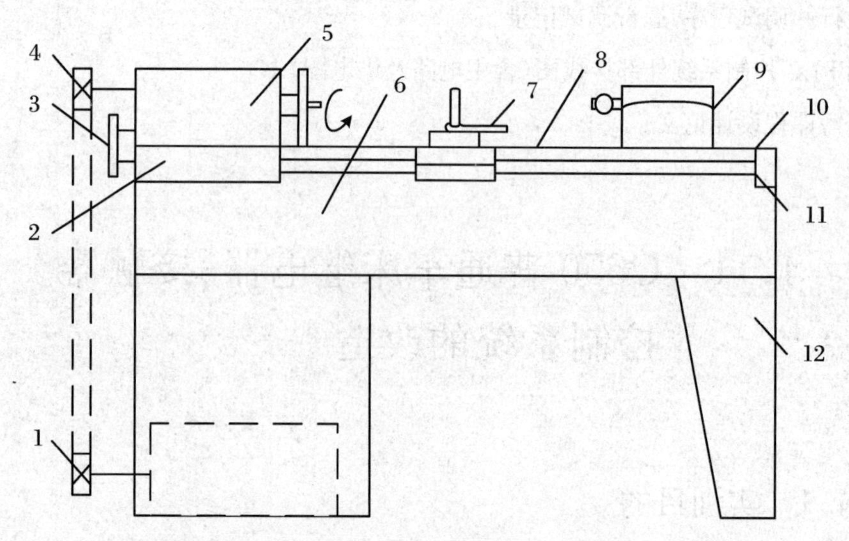

1、4—带轮 2—进给箱 3—挂轮架 5—主轴变速箱 6—床身
7—刀架 8—溜板 9—尾架 10—丝杠 11—光杠 12—床腿

图 4.22 C650 车床的外形结构图

(2) 电力拖动的控制特点

① 主轴电动机 M1 能降压点动调整、直接启动、正反转和反接制动。主轴由主轴变速箱机械调速，由主轴电动机拖动。

② 为防止刀具和工件的温升过高，采用冷却液冷却，冷却泵由电动机 M2 拖动。

③ 刀架快速移动，由电动机 M3 拖动。

C650 普通车床的继电器-接触器控制线路的电气原理图如图 4.23 所示。

2. 设计任务

根据 C650 车床电气原理图，设计 C650 车床电气控制 PLC 控制系统。

4.11.4 软件程序

1. I/O 分配及连接

① 输入开关和输出模拟元件在控制板上均有，根据表 4.4 的 I/O 分配表与主机输入、输出端口进行相应连接。

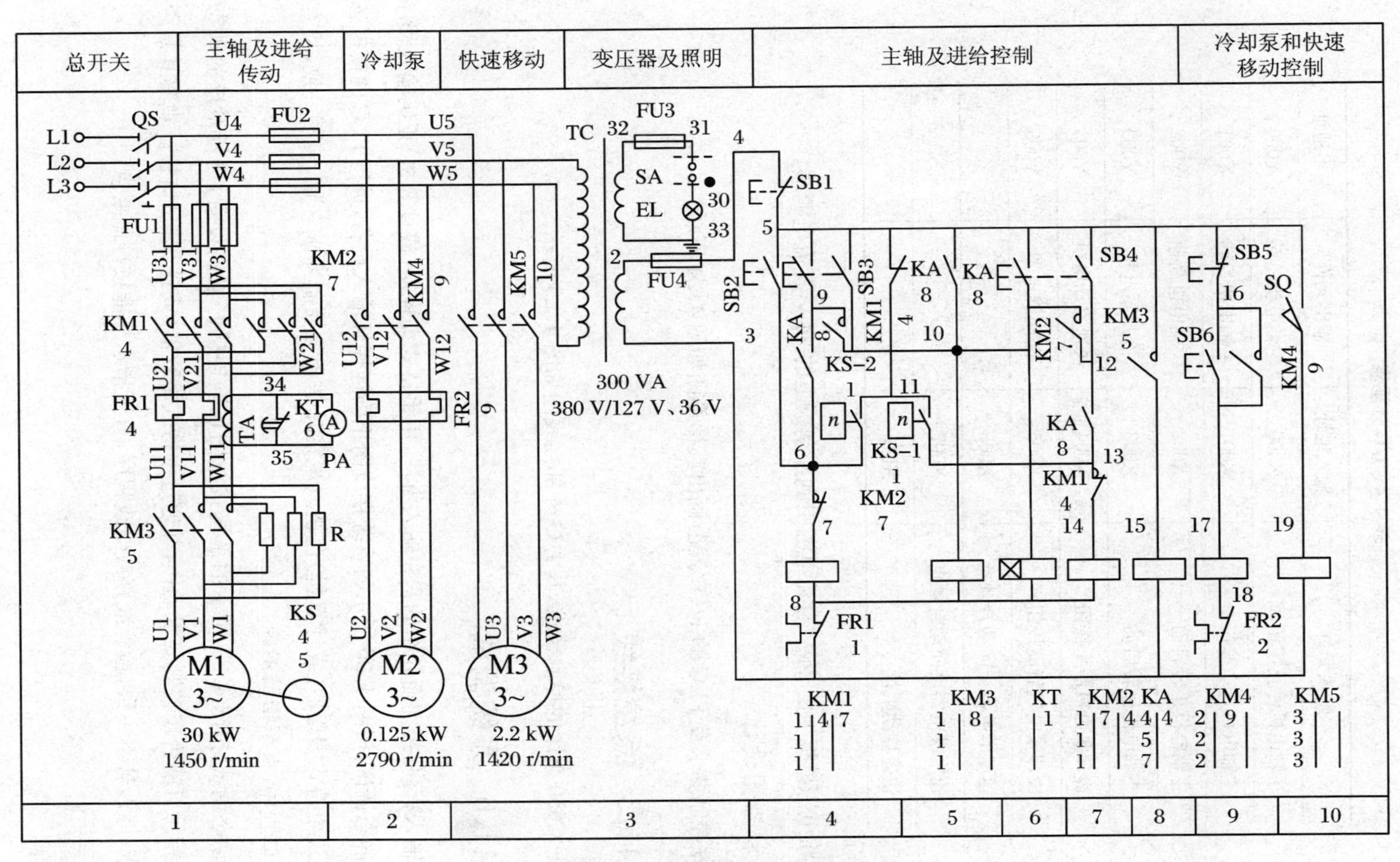

图 4.23　C650 车床的电气原理图

表 4.4 I/O分配表

输入元件	输入地址	输出元件	输出地址
主轴电机停止按钮	X000	主轴电机正转	Y000
主轴电机点动按钮	X001	主轴电机反转	Y001
主轴电机正转启动	X002	主轴电机高速	Y002
主轴电机反转启动	X003	冷却泵电机	Y003
冷却泵电机停止按钮	X004	快速移动电机	Y004
冷却泵电机启动按钮	X005	时间继电器	Y005
速度继电器正向动合触点	X006		
速度继电器反向动合触点	X007		
快速移动限位	X010		

② 将电源模板上的24 V直流电源引到控制板上的24 V直流电源端。

2. 梯形图设计

根据控制要求及PLC的I/O分配,画出其梯形图如图4.24所示。

4.11.5 系统接线

根据C650车床的控制要求,其I/O外部接线图如图4.25所示。

4.11.6 系统调试

① 输入程序,按前面介绍的程序输入方法,用手持式编程器(或计算机)正确输入程序。

② 静态调试,按图4.25所示的系统接线图正确连接好输入设备,进行PLC的模拟态调试,并通过手持式编程器(或计算机)监视。观察其是否与控制要求一致,若不一致,检查并修改、调试程序,直至指示正确。

③ 动态调试,按图4.25所示的系统接线图正确连接好输出设备,进行系统的动态调试,观察指示灯能否按控制要求动作,并通过手持式编程器(或计算机)监视。观察其是否与控制要求一致,若不一致,检查线路或修改程序,直至指示灯能按控制要求动作。

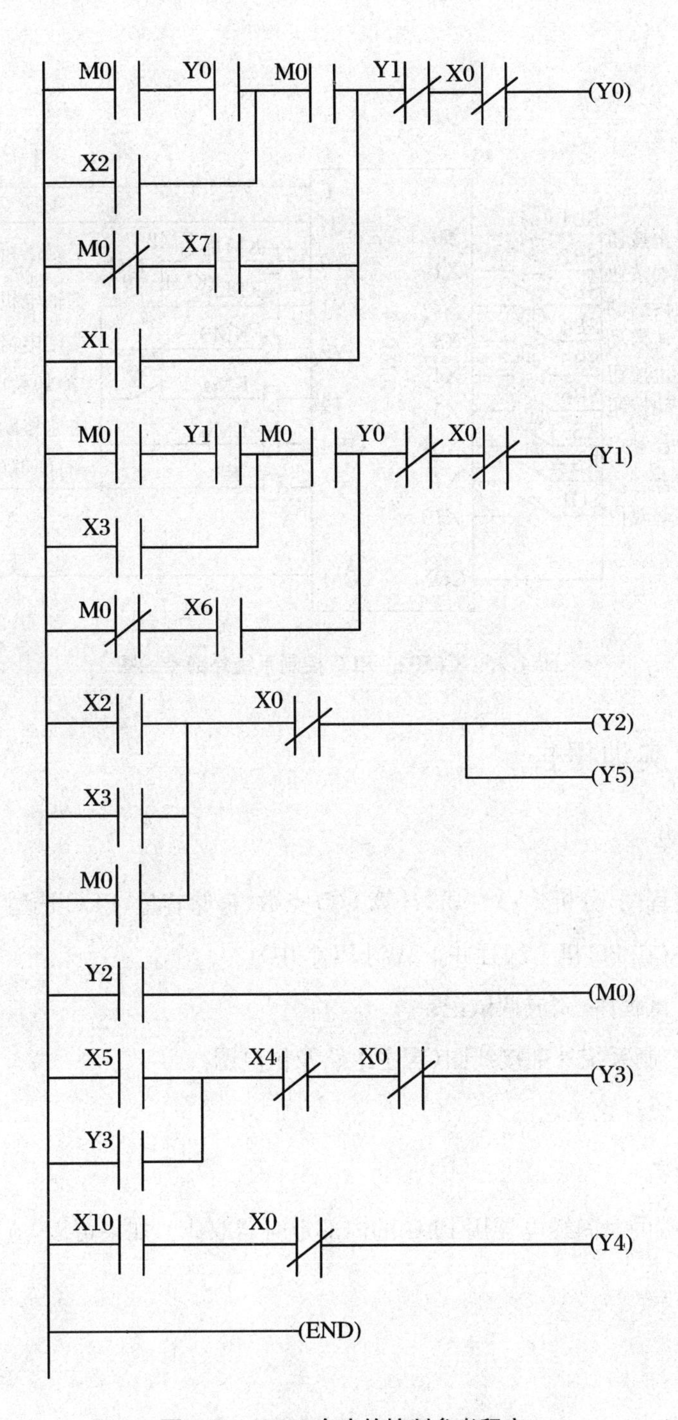

图4.24　C650车床的控制参考程序

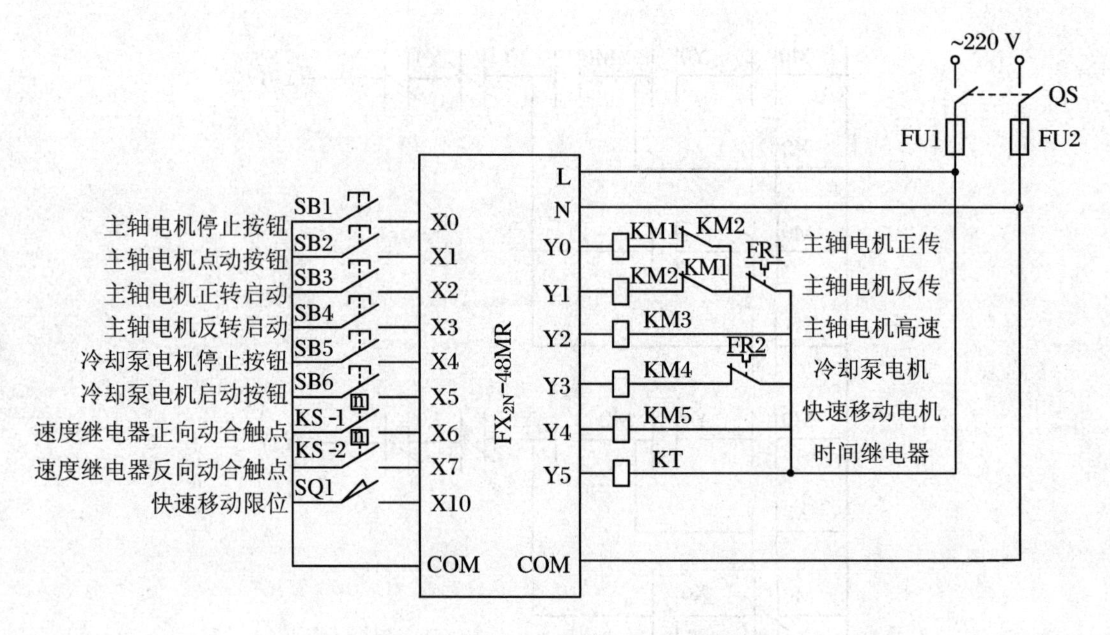

图 4.25 C650 的 PLC 控制系统外部接线图

4.11.7 实训报告

1. 实训总结

① 画工艺流程图,分析 I/O 性质,计算 I/O 点数、存储容量,PLC 选型。

② 编写程序(在 PC 机上编程并下载到 PLC 中)。

③ 运行并调试程序,完成调试记录。

④ 画 PLC 控制系统外部接线图(含主电路及供电图)。

⑤ 撰写课程设计论文。

2. 实训思考

能否将输出端的时间继电器用 PLC 的内部定时器取代? 如果可以,应如何修改?

参 考 文 献

[1] 阮友德.电气控制与PLC[M].北京:人民邮电出版社,2009.

[2] 汤自春.PLC原理及应用技术[M].北京:高等教育出版社,2006.

[3] 常晓玲.电气控制系统与可编程控制器[M].北京:机械工业出版社,2007.

[4] 邹金慧,祝晓红,车国霖.电气控制与PLC实训教程[M].北京:清华大学出版社,2012.

[5] 曾庆乐,伍金浩.电气控制与PLC应用技术技能训练[M].北京:电子工业出版社,2009.

[6] 高安邦,成建生,陈银燕.机床电气与PLC控制技术项目教程[M].北京:机械工业出版社,2011.

[7] 夏燕兰.数控机床电气控制[M].北京:机械工业出版社,2006.

[8] 方承远,张振国.工厂电气控制技术[M].3版.北京:机械工业出版社,2006.

[9] 王阿根.PLC控制程序精编108例[M].北京:电子工业出版社,2009.

[10] 殷庆纵,李洪群.可编程控制器原理与实践(三菱FX_{2N}系列)[M].北京:清华大学出版社,2010.

[11] 史宜巧,孙业明,景绍学.PLC技术及应用[M].北京:机械工业出版社,2011.

[12] 陈苏波,杨俊辉,陈伟欣,常春藤.三菱PLC快速入门与实例提高[M].北京:人民邮电出版社,2008.

[13] 徐铁.电气控制与PLC实训[M].北京:中国电力出版社,2011.